令和６年度版

ビジネス計算実務検定模擬テスト３級

◆　問題集の構成と学習のすすめかた

①　分野別学習（p.6 ～ 39）

【構成】

・数字と記号の書き方トレーニング…p.4～5	3 . 売買・損益の計算
・普通計算(乗算・除算問題，見取算問題)…p.6～13	[1]商品の数量と代金の計算　…p.24
・ビジネス計算	[2]仕入原価の計算　…p.26
ビジネス計算の基本トレーニング　…p.14	[3]見込利益(値入れ)と定価の計算　…p.28
1 . 割合に関する計算　…p.16	[4]値引きと売価の計算」…p.32
2 . 度量衡と外国貨幣の計算　…p.20	4 . 利息の計算　…p.36

【内容と学習方法】

ここでは, 3 級の試験範囲について分野別に学習します。はじめに, その分野の基本的な内容や公式について学習します。その後, 例題を学習し，練習問題で理解度を確認します。

例題解説の電卓操作については，カシオ型，シャープ型それぞれの操作と，どちらにも共通する操作について載せています。電卓のキー操作は，問題によりさまざまなパターンがあります。そのため，解説では，以下のような方法でキー操作を説明しています。

パターン１
【電卓】75200 [÷] 470 [=]
→ カシオ型・シャープ型で共通のキー操作。

パターン２
【電卓】670000 [×] .66 [=]　／　670000 [×] 66 [%]
→ カシオ型・シャープ型で共通のキー操作。また，(／)の前後どちらの操作でもよい。

パターン３
【電卓】Ｃ型　6 [日数] 10 [÷] 9 [日数] 21 [=]
　　　　Ｓ型　6 [日数] 10 [%] 9 [日数] 21 [=]
→ Ｃ型はカシオ型電卓の操作方法，Ｓ型はシャープ型電卓の操作方法。

パターン４
【電卓】共通　190000 [×] 1.33 [=]　／　190000 [×] 133 [%]
　　　　Ｃ型　190000 [×] 33 [%] [+]
　　　　Ｓ型　190000 [×] 33 [%] [+] [=]　／　190000 [+] 33 [%]
→ 共通：カシオ型・シャープ型共通のキー操作。
→ カシオ型の場合，共通の操作２つと　190000 [×] 33 [%] [+]　の3つのうち，どの操作でもよい。
→ シャープ型の場合，共通の操作２つと　190000 [×] 33 [%] [+] [=]　と　190000 [+] 33 [%]　の4つのうち，どの操作でもよい。

②　例題・練習問題の復習（p.40 ～ 51）

ここでは，p.15 ～ 37 の例題・練習問題と同じ問題を解くことができます。問題は分野ごとに構成されており，名前と正答数の記入欄を設けているため，復習テストとしても活用することができます。

③　ビジネス計算実務検定試験の注意事項（p.52 ～ 53）

ここでは，試験を受けるうえでの注意事項やポイントについて確認します。

④　模擬試験問題 8 回分（p.54 ～ 101）

ここでは，本番の試験と同じ形式の模擬試験問題を解くことができます。模擬試験問題は 8 回分あります。

⑤　最新過去問題 3 回分（p.102 ～ 119）

最新の過去問題 3 回分を掲載しています。

◆電卓の操作方法

※本問題集で使用している電卓は，学校用（教育用）電卓です。電卓にはさまざまな種類があるため，機種によりキーの種類や配列，操作方法が異なる場合があります。本問題集で説明のないキーや操作方法については，お手持ちの電卓の取扱説明書などをご確認ください。

〔カシオ型電卓〕

ラウンドセレクター（F　CUT　5/4）
F　：小数点を処理せず表示する。
CUT：指定した桁で切り捨てる。
5/4：四捨五入する。

小数点/日数計算条件セレクター（5 4 3 2 0 ADD2　片落　両入）
5~0：表示する答えの小数位を指定する。
ADD2：入力した数値の下２桁目に自動で小数点をつける。
両入：両端入れを指定する。
片落：片落としを指定する。

GT「＝」で出した計算結果を集計する。

例）(3×5)＋(13×4)＋25＝92
→ 3 × 5 = 13 × 4 = 25 = GT

AC　記憶している数値以外の全ての入力データを消去する。

C　表示している数値を消去する。

M+　数値を加算として記憶する。
M−　数値を減算として記憶する。
MR / RM　記憶されている数値を呼び戻す。
MC / CM　記憶されている数値を消去する。

例）(3×5)＋(3×5)＋6－6＋6＝36
→ 3 × 5 M+ M+　6 M+ M− M+ MR

M+ M+：「＋(3×5)」として記憶
M+：「＋6」として記憶
M−：「－6」として記憶
M+：「＋6」として記憶

・通　常　時：ラウンドセレクターをF
・切り捨て：ラウンドセレクターをCUT
・４捨５入：ラウンドセレクターを5/4
・小数点セレクターを0
・小数点セレクターを2
・小数点セレクターをADD2
・片落とし：日数計算条件セレクターを片落
・両端入れ：日数計算条件セレクターを両入

〔シャープ型電卓〕

ラウンド/両入・片落・両落スイッチ（両入 片落 両落 ↑ 5/4 ↓）

↑　：指定した桁で切り上げる。
↓　：指定した桁で切り捨てる。
5/4：四捨五入する。
両入：両端入れを指定する。
片落：片落としを指定する。
両落：両端落としを指定する。

小数部桁数指定（TAB）スイッチ（F 5 4 3 2 1 0 A）

F　：小数点を処理せず表示する。
5~0：表示する答えの小数位を指定する。
A　：入力した数値の下２桁目に自動で小数点をつける。

[GT]「＝」で出した計算結果を集計する。

例）(3×5)＋(13×4)＋25＝92
→ 3[×]5[=]13[×]4[=][GT][+]25[=]

[M+]　数値を加算として記憶する。
[M-]　数値を減算として記憶する。
[MR]／[RM]　記憶されている数値を呼び戻す。
[MC]／[CM]　記憶されている数値を消去する。

例）(3×5)＋(3×5)＋6－6＋6＝36
→ 3[×]5[M+][M+]　6[M+][M-][M+][MR]

「＋(3×5)」として記憶
「＋6」として記憶
「－6」として記憶
「＋6」として記憶

[CA]　記憶内容も表示している数値も全て消去する。

[C]　記憶している数値以外の全ての入力データを消去する。

[CE]　表示している数値を消去する。

・**通 常 時**：小数部桁数指定スイッチ※をF

・**切り捨て**：ラウンドスイッチを↓

・**４捨５入**：ラウンドスイッチを5/4

・小数部桁数指定スイッチを0

・小数部桁数指定スイッチを2

・小数部桁数指定スイッチをA

・**片落とし**：両入･片落･両落スイッチを片落

・**両端入れ**：両入･片落･両落スイッチを両入

※小数部桁数指定スイッチ…本問題集では「ラウンドセレクター」として表記

数字と記号の書き方トレーニング

1. 数字の書き方トレーニング

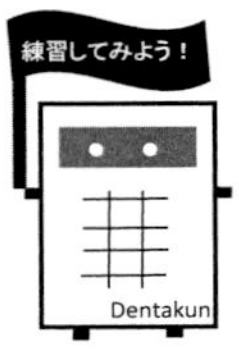

0～9までの数字の書き方を練習してみよう!

0 1 2 3 4 5 6 7 8 9

0 1 2 3 4 5 6 7 8 9

2. 記号の書き方トレーニング

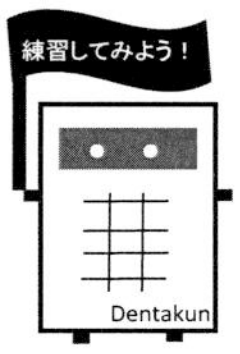

ビジネス計算でよく用いられる記号の書き方を練習してみよう!

【 通貨単位 】

国・地域	通貨単位	補助通貨単位	記 号	記 号 の 練 習						
日 本	円	1円＝100銭	￥	￥	￥					
アメリカ	ドル	1ドル＝100セント	$	$	$					
E U	ユーロ	1ユーロ＝100セント	€	€	€					
イギリス	ポンド	1ポンド＝100ペンス	£	£	£					

【 長さの単位 】

メートル	1 メートル ＝ 100cm	m	m	m					
ヤード	1 ヤード＝ 0.9144m	yd	yd	yd					
フィート	1 フィート＝ 0.3048m	ft	ft	ft					
インチ	1 インチ＝ 2.54cm	in	in	in					

【 重さの単位 】

リットル	1 リットル＝ 10dL	L	L	L					
キログラム	1 キログラム＝ 1,000g	kg	kg	kg					
ト ン	1 トン＝ 1,000kg	t	t	t					
ポンド	1 ポンド＝ 0.4536kg	lb	lb	lb					

普通計算部門（電卓）

[1] 普通計算部門の構成

普通計算部門では，「計」「小計」「合計」「構成比率」を求める問題が出題される。

[2] 小計・合計・構成比率の電卓操作

◆ 小計の求め方

小計を求めるときは，**GT**（グランドトータル）機能を利用する。**GT** 機能は，「＝」で出した計算結果を集計することができる。

例 1）(1)　1 + 3 + 5　　(2)　2 + 4 + 6　　(3)　3 + 7 + 8

上記の(1)～(3)の小計を求める場合，電卓の操作方法は以下のようになる。

1 [+] 3 [+] 5 [=]　2 [+] 4 [+] 6 [=]　3 [+] 7 [+] 8 [=]　[GT]

◆ 合計の求め方

合計を求めるときは，メモリー機能を利用する。メモリー機能は，[M+]キーで数値を加算として記憶し，[MR]キー（または[RM]キー）で記憶されている数値を呼び戻すことができる。

例 2）(1)　1 + 3 + 5　　(2)　2 + 4 + 6　　(3)　3 + 7 + 8

　　　(4)　1 + 4 + 5　　(5)　6 + 3 + 2

上記の(1)～(3)の小計，(4)～(5)の小計，(1)～(5)の合計を続けて計算する場合，電卓の操作方法は以下のようになる。

① 1 [+] 3 [+] 5 [=]　2 [+] 4 [+] 6 [=]　3 [+] 7 [+] 8 [=]　[GT]　…(1)～(3)の小計：39

② [M+]　[AC]　…(1)～(3)の小計を記憶させる。[AC]の後に(4)～(5)の計算を続ける。

　→　S 型電卓の場合は，[M+]　[GT]　[GT]　[C]

③ 1 [+] 4 [+] 5 [=]　6 [+] 3 [+] 2 [=]　[GT]　…(4)～(5)の小計:21

④ [M+]　…(4)～(5)の小計を記憶させる。

⑤ [MR]　…記憶しておいた(1)～(3)小計と(4)～(5)小計を合計した結果が表示される。

◆ 構成比率の求め方

構成比率の計算では，合計の数値を 100%とした場合に，計・小計の数値が何%にあたるかを求める。

例 2 の問題の(1)～(5)の計の構成比率，(1)～(3)の小計(39)の構成比率，(4)～(5)の小計(21)の構成比率を求める場合，電卓の操作方法は以下のようになる。なお，以下の操作は**例 2** の最後の[MR]キーに続けておこなう。

（※小数点セレクター 2，ラウンドセレクター 5/4 に設定）

⑥　9 [÷] [MR] [%]　…(1)の構成比率：15 %

⑦　12 [÷] [MR] [%]　…(2)の構成比率：20 %

⑧　18 [÷] [MR] [%]　…(3)の構成比率：30 %

⑨　10 [÷] [MR] [%]　…(4)の構成比率：16.67 %

⑩　11 [÷] [MR] [%]　…(5)の構成比率：18.33 %

⑪　39 [÷] [MR] [%]　…(1)～(3)の構成比率：65 %

⑫　21 [÷] [MR] [%]　…(4)～(5)の構成比率：35 %

構成比率は，電卓の「定数《じょうすう》機能《きのう》」を利用して求める方法もある。

（※小数点セレクター 2，ラウンドセレクター 5/4）

C 型	S 型
⑥ [÷] [÷]	⑥ 9 [÷] [RM] [%]
⑦ 9 [%]	⑦ 12 [%]
⑧ 12 [%]	⑧ 18 [%]
⑨ 18 [%]	⑨ 10 [%]
⑩ 10 [%]	⑩ 11 [%]
⑪ 11 [%]	⑪ 39 [%]
⑫ 39 [%]	⑫ 21 [%]
⑬ 21 [%]	

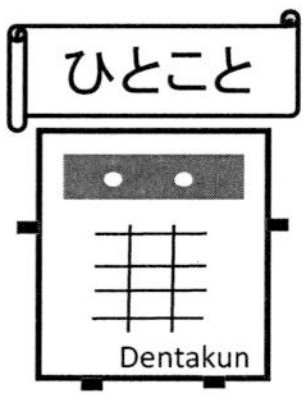

例 1 ※円未満 4 捨 5 入，構成比率はパーセントの小数第 2 位未満 4 捨 5 入

		答えの小計・合計	構成比率	
(1)	¥ 653 × 7.2 ＝	小計(1)～(3)	(1)	(1)～(3)
(2)	¥ 120 × 38 ＝		(2)	
(3)	¥ 435 × 0.079 ＝		(3)	
(4)	¥ 3,682 × 0.825 ＝	小計(4)～(5)	(4)	(4)～(5)
(5)	¥ 25 × 6.559 ＝		(5)	
		合計		

【電卓】 小数点セレクターを 0，ラウンドセレクターを 5/4 に設定する。

① 653 [×] 7.2 [＝] （4,702 GT） …(1)
② 120 [×] 38 [＝] （4,560 GT） …(2)
③ 435 [×] .079 [＝] （34 GT） …(3)
④ [GT] （9,296 GT） …(1)～(3)の小計
⑤ [M＋] [AC] （0 M） …(1)～(3)の小計を記憶させる。[AC]の後に(4)の計算を続ける。
　→ S 型電卓の場合は，[M＋] [GT] [GT] [C]
⑥ 3682 [×] .825 [＝] （3,038 GT M） …(4)
⑦ 25 [×] 6.559 [＝] （164 GT M） …(5)
⑧ [GT] （3,202 GT M） …(4)～(5)の小計
⑨ [M＋] （3,202 GT M） …(4)～(5)の小計を記憶させる。
⑩ [MR] （12,498 GT M） …(1)～(5)の合計
　→ 続けて，小数点セレクターを 2 に設定する。
⑪ 4702 [÷] [MR] [%] （37.62 GT M） …(1)の構成比率
⑫ 4560 [÷] [MR] [%] （36.49 GT M） …(2)の構成比率
⑬ 34 [÷] [MR] [%] （0.27 GT M） …(3)の構成比率
⑭ 3038 [÷] [MR] [%] （24.31 GT M） …(4)の構成比率
⑮ 164 [÷] [MR] [%] （1.31 GT M） …(5)の構成比率
⑯ 9296 [÷] [MR] [%] （74.38 GT M） …(1)～(3)の構成比率
⑰ 3202 [÷] [MR] [%] （25.62 GT M） …(4)～(5)の構成比率
　→ 次の問題にうつる前に，[AC] [MC] で電卓をリセットするのを忘れないように注意する。

答 (1) ¥4,702(37.62%)　(2) ¥4,560(36.49%)
(3) ¥34(0.27%)　(4) ¥3,038(24.31%)
(5) ¥164(1.31%)
(1)～(3)小 計：¥9,296　構成比率：74.38 %
(4)～(5)小 計：¥3,202　構成比率：25.62 %
(1)～(5)合 計：¥12,498

本書では C 型と S 型の 2 タイプの電卓操作について解説しているけれど，この 2 社以外のメーカーの実務電卓は，S 型と操作方法が同じ場合が多いよ。

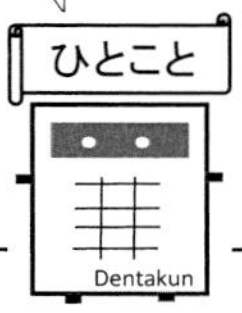

定数機能を利用する方法

※⑩までの操作方法は同じ。
（画面に「12,498 GT M」または「12,498 M G」と表示された状態）
　→ 続けて，小数点セレクターを 2 に設定する。

C 型電卓の場合

⑪′ [÷] [÷] （12,498 GT M K） …合計 12,498 を定数として設定
⑫′ 4702 [%] （37.62 GT M K） …(1)の構成比率
⑬′ 4560 [%] （36.49 GT M K） …(2)の構成比率
⑭′ 34 [%] （0.27 GT M K） …(3)の構成比率
⑮′ 3038 [%] （24.31 GT M K） …(4)の構成比率
⑯′ 164 [%] （1.31 GT M K） …(5)の構成比率
⑰′ 9296 [%] （74.38 GT M K） …(1)～(3)の構成比率
⑱′ 3202 [%] （25.62 GT M K） …(4)～(5)の構成比率

S 型電卓の場合

⑪′ 4702 [÷] [RM] [%] （37.62 M G） …(1)の構成比率
⑫′ 4560 [%] （36.49 M G） …(2)の構成比率
⑬′ 34 [%] （0.27 M G） …(3)の構成比率
⑭′ 3038 [%] （24.31 M G） …(4)の構成比率
⑮′ 164 [%] （1.31 M G） … (5) の構成比率
⑯′ 9296 [%] （74.38 M G） … (1) ～ (3) の構成比率
⑰′ 3202 [%] （25.62 M G） … (4) ～ (5) の構成比率

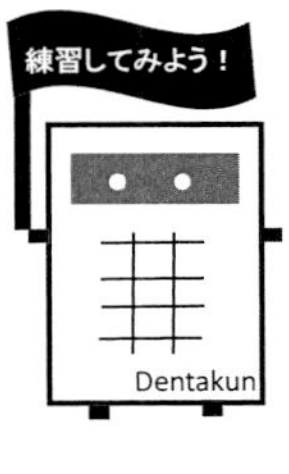

¥の計算		$・€・£の計算		構成比率	
小数点セレクター	0	小数点セレクター	2	小数点セレクター	2
ラウンドセレクター	5/4	ラウンドセレクター	5/4	ラウンドセレクター	5/4

≪ 練習問題 ≫

（1）　※円・セント未満4捨5入，構成比率はパーセントの小数第2位未満4捨5入

		答えの小計・合計	構成比率	
(1)	¥ 429 × 753 =	小計(1)～(3)	(1)	(1)～(3)
(2)	¥ 20 × 1,592 =		(2)	
(3)	¥ 478 × 31.5 =		(3)	
(4)	¥ 8,641 × 293 =	小計(4)～(5)	(4)	(4)～(5)
(5)	¥ 256 × 6.0659 =		(5)	
		合計		

		答えの小計・合計	構成比率	
(6)	$ 42.78 × 31 =	小計(1)～(3)	(1)	(1)～(3)
(7)	$ 0.25 × 312.75 =		(2)	
(8)	$ 3.09 × 1.608 =		(3)	
(9)	$ 67.59 × 9,346 =	小計(4)～(5)	(4)	(4)～(5)
(10)	$ 180.52 × 0.735 =		(5)	
		合計		

（2）　※円・セント未満4捨5入，構成比率はパーセントの小数第2位未満4捨5入

		答えの小計・合計	構成比率	
(1)	¥ 25,913 × 520 =	小計(1)～(3)	(1)	(1)～(3)
(2)	¥ 37,520 × 38 =		(2)	
(3)	¥ 694 × 25.9 =		(3)	
(4)	¥ 83,782 × 0.068 =	小計(4)～(5)	(4)	(4)～(5)
(5)	¥ 925 × 70,334 =		(5)	
		合計		

		答えの小計・合計	構成比率	
(6)	€ 65.26 × 72 =	小計(1)～(3)	(1)	(1)～(3)
(7)	€ 5.23 × 79.04 =		(2)	
(8)	€ 0.78 × 6,215.4 =		(3)	
(9)	€ 211.97 × 253 =	小計(4)～(5)	(4)	(4)～(5)
(10)	€ 42.70 × 1.509 =		(5)	
		合計		

（解答→別冊 p.5）

≪ 練習問題 ≫

(3)　※円・ペンス未満 4 捨 5 入，構成比率はパーセントの小数第 2 位未満 4 捨 5 入

		答えの小計・合計	構成比率	
(1)	¥ 22,080 ÷ 480 =	小計(1)〜(3)	(1)	(1)〜(3)
(2)	¥ 25,480 ÷ 98 =		(2)	
(3)	¥ 76 ÷ 1.51 =		(3)	
(4)	¥ 5,930 ÷ 163.2 =	小計(4)〜(5)	(4)	(4)〜(5)
(5)	¥ 423,685 ÷ 2,968 =		(5)	
		合計		

		答えの小計・合計	構成比率	
(6)	£ 615.93 ÷ 97 =	小計(1)〜(3)	(1)	(1)〜(3)
(7)	£ 796.01 ÷ 80.4 =		(2)	
(8)	£ 318.46 ÷ 503.5 =		(3)	
(9)	£ 1.77 ÷ 0.0409 =	小計(4)〜(5)	(4)	(4)〜(5)
(10)	£ 31,546.83 ÷ 4,472 =		(5)	
		合計		

(4)　※円・セント未満 4 捨 5 入，構成比率はパーセントの小数第 2 位未満 4 捨 5 入

		答えの小計・合計	構成比率	
(1)	¥ 32,130 ÷ 510 =	小計(1)〜(3)	(1)	(1)〜(3)
(2)	¥ 22,250 ÷ 89 =		(2)	
(3)	¥ 346 ÷ 0.23 =		(3)	
(4)	¥ 83 ÷ 1.71 =	小計(4)〜(5)	(4)	(4)〜(5)
(5)	¥ 519,425 ÷ 2,948 =		(5)	
		合計		

		答えの小計・合計	構成比率	
(6)	$ 3,929.36 ÷ 720 =	小計(1)〜(3)	(1)	(1)〜(3)
(7)	$ 47.53 ÷ 3.8 =		(2)	
(8)	$ 93.77 ÷ 30.25 =		(3)	
(9)	$ 395.79 ÷ 810.1 =	小計(4)〜(5)	(4)	(4)〜(5)
(10)	$ 26,005.20 ÷ 645 =		(5)	
		合計		

（解答→別冊 p.5）

普通計算部門（電卓）

例 2 ※構成比率はパーセントの小数第 2 位未満 4 捨 5 入

No	(1)	(2)	(3)	(4)	(5)
1	¥ 4,378	¥ 82,049	¥ 9,530	¥ 1,746	¥ 26,814
2	1,450	46,160	321	61,087	15,382
3	32,619	15,673	- 2,057	430,913	87,498
4	179,187	39,812	44,183	3,651	- 52,243
5	3,011	23,483	- 260	98,570	90,189
計					

小計 合計	小計(1)～(3)	小計(4)～(5)
	合計(1)～(5)	

構成 比率	(1)	(2)	(3)	(4)	(5)
	(1)～(3)			(4)～(5)	

【電卓】

① 4378 [+] 1450 [+] 32619 [+] 179187 [+] 3011 [=]　(220,645 GT) …(1)の計

② 82049 [+] 46160 [+] 15673 [+] 39812 [+] 23483 [=]　(207,177 GT) …(2)の計

③ 9530 [+] 321 [−] 2057 [+] 44183 [−] 260 [=]　(51,717 GT) …(3)の計

④ [GT] (479,539 GT) …(1)～(3)の小計

⑤ [M+] [AC] (0 M) …(1)～(3)の小計を記憶させる。[AC]の後に(4)の計算を続ける。

→ S 型電卓の場合は，[M+] [GT] [GT] [C]

⑥ 1746 [+] 61087 [+] 430913 [+] 3651 [+] 98570 [=]
(595,967 GT M) …(4)の計

⑦ 26814 [+] 15382 [+] 87498 [−] 52243 [+] 90189 [=]
(167,640 GT M) …(5)の計

⑧ [GT] (763,607 GT M) …(4)～(5)の小計

⑨ [M+] (763,607 GT M) …(4)～(5)の小計を記憶させる。

⑩ [MR] (1,243,146 GT M) …(1)～(5)の合計

→ 続けて，小数点セレクターを 2，ラウンドセレクターを 5/4 に設定する。

⑪ 220645 [÷] [MR] [%] (17.75 GT M) …(1)の構成比率

⑫ 207177 [÷] [MR] [%] (16.67 GT M) …(2)の構成比率

⑬ 51717 [÷] [MR] [%] (4.16 GT M) …(3)の構成比率

⑭ 595967 [÷] [MR] [%] (47.94 GT M) …(4)の構成比率

⑮ 167640 [÷] [MR] [%] (13.49 GT M) …(5)の構成比率

⑯ 479539 [÷] [MR] [%] (38.57 GT M) …(1)～(3)の構成比率

⑰ 763607 [÷] [MR] [%] (61.43 GT M) …(4)～(5)の構成比率

→ 次の問題にうつる前に，[AC] [MC] で電卓をリセットするのを忘れないように注意する。

定数機能を利用する方法

※⑩までの操作方法は同じ。
(画面に「1,243,146 GT M」または「1,243,146 M G」と表示)
→ 続けて，小数点セレクターを 2 に設定する。

C 型電卓の場合

⑪′ [÷] [÷] (1,243,146 GT M K)

⑫′ 220645 [%] (17.75 GT M K) …(1)の構成比率

⑬′ 207177 [%] (16.67 GT M K) …(2)の構成比率

⑭′ 51717 [%] (4.16 GT M K) …(3)の構成比率

⑮′ 595967 [%] (47.94 GT M K) …(4)の構成比率

⑯′ 167640 [%] (13.49 GT M K) …(5)の構成比率

⑰′ 479539 [%] (38.57 GT M K) …(1)～(3)の構成比率

⑱′ 763607 [%] (61.43 GT M K) …(4)～(5)の構成比率

S 型電卓の場合

⑪′ 220645 [÷] [RM] [%] (17.75 M G) …(1)の構成比率

⑫′ 207177 [%] (16.67 M G) …(2)の構成比率

⑬′ 51717 [%] (4.16 M G) …(3)の構成比率

⑭′ 595967 [%] (47.94 M G) …(4)の構成比率

⑮′ 167640 [%] (13.49 M G) …(5)の構成比率

⑯′ 479539 [%] (38.57 M G) …(1)～(3)の構成比率

⑰′ 763607 [%] (61.43 M G) …(4)～(5)の構成比率

答(1) ¥220,645(17.75%) (2) ¥207,177(16.67%) (3) ¥51,717(4.16%)
(4) ¥595,967(47.94%) (5) ¥167,640(13.49%)
(1)～(3)小 計：¥479,539　構成比率：38.57 %
(4)～(5)小 計：¥763,607　構成比率：61.43 %

≪ 練習問題 ≫

(1)　※構成比率はパーセントの小数第２位未満４捨５入

No.	(1)	(2)	(3)	(4)	(5)
1	¥ 6,754	¥ 42,508	¥ 2,630	¥ 203,546	¥ 3,827
2	2,482	73,160	127	24,093	19,384
3	50,615	1,673	－1,594	79,325	95,498
4	198,187	30,219	86,091	8,634	－43,279
5	1,359	24,753	－362	82,571	135,274
計					

小計 合計		
	小計(1)～(3)	小計(4)～(5)
	合計(1)～(5)	

構成 比率					
	(1)	(2)	(3)	(4)	(5)
	(1)～(3)			(4)～(5)	

(2)　※構成比率はパーセントの小数第２位未満４捨５入

No.	(1)	(2)	(3)	(4)	(5)
1	¥ 724,931	¥ 435,153	¥ 1,657	¥ 704,619	¥ 2,645
2	7,586	803,075	10,325	35,891	702,138
3	40,623	295,637	1,073,264	－2,798	3,968,903
4	4,258	－847,196	50,340	365	3,810
5	1,769	－518,213	8,907	750,862	89,245
6	298,730	782,409	428,536	31,053	6,054
7	5,146	360,712	62,081	－694	2,429,315
8	1,273	－601,785	5,928	216,496	9,708
9	6,852	179,365	3,511,639	213	789
10	48,097	217,290	2,058	385	1,037,145
11	7,406		642,963	－5,807	50,762
12			1,538	－62,019	155,498
13				32,268	471
14				79,360	
15				178,524	
計					

小計 合計		
	小計(1)～(3)	小計(4)～(5)
	合計(1)～(5)	

構成 比率					
	(1)	(2)	(3)	(4)	(5)
	(1)～(3)			(4)～(5)	

(解答→別冊 p.5)

例 3 小数第 2 位指定計算機能（$\mathrm{ADD_2}$ または A）の練習

No	(1)	(2)	(3)	(4)	(5)
1	$ 47.25	$ 2.65	$ 9.74	$ 23.74	$ 32.58
2	8.94	8.56	13.46	3.18	- 8.25
3	2.65	5.81	5.83	11.26	12.83
4	7.13	31.63	- 4.82	9.72	5.10
5	5.81	12.50	30.25	7.29	- 3.18
計					

【解説】

電卓の小数点セレクターを $\mathrm{ADD_2}$（S 型電卓では A）に設定すると，小数点キーを押さなくても，計算結果が自動的に小数第 2 位までの数として表示されるようになる（C 型電卓の場合，ラウンドセレクターは F 以外に設定する）。

たとえば，(1)の計算式は，$47.25 + 8.94 + 2.65 + 7.13 + 5.81 = 71.78$

となるが，小数点セレクターを $\mathrm{ADD_2}$（または A）に設定すると，電卓操作は

4725 [+] 894 [+] 265 [+] 713 [+] 581 [=]　となる。

このとき，計算結果は 71.78 GT と表示される。

見取算問題の $，€，£の計算では，この機能を利用すると，小数点キーを押す時間を短縮することができる。

【電卓】

C型：小数点セレクターを $\mathrm{ADD_2}$，ラウンドセレクターを F 以外に設定する。

S型：小数点セレクターを A に設定する。

① 4725 [+] 894 [+] 265 [+] 713 [+] 581 [=]　(71.78 GT) …(1)の計

② 265 [+] 856 [+] 581 [+] 3163 [+] 1250 [=]　(61.15 GT) …(2)の計

③ 974 [+] 1346 [+] 583 [−] 482 [+] 3025 [=]　(54.46 GT) …(3)の計

④ 2374 [+] 318 [+] 1126 [+] 972 [+] 729 [=]　(55.19 GT) …(4)の計

⑤ 3258 [−] 825 [+] 1283 [+] 510 [−] 318 [=]　(39.08 GT) …(5)の計

答 (1) $71.78 (2) $61.15 (3) $54.46 (4) $55.19 (5) $39.08

≪ 練習問題 ≫

（1） ※構成比率はパーセントの小数第2位未満4捨5入

No.	(1)	(2)	(3)	(4)	(5)
1	€ 35.26	€ 4.65	€ 26.74	€ 43.74	€ 105.58
2	8.64	18.56	143.46	1.98	- 19.25
3	3.75	7.81	9.83	14.29	21.83
4	7.89	57.69	- 42.82	9.72	5.16
5	16.81	12.53	34.25	6.29	- 2.68
計					

小計 合計	小計(1)～(3)	小計(4)～(5)
	合計(1)～(5)	

構成 比率	(1)	(2)	(3)	(4)	(5)
	(1)～(3)			(4)～(5)	

（2） ※構成比率はパーセントの小数第2位未満4捨5入

No.	(1)	(2)	(3)	(4)	(5)
1	£ 2.15	£ 7,016.37	£ 16.57	£ 744.19	£ 26.45
2	83.02	6.21	13.25	35.81	702.18
3	568.31	805.32	32.64	- 279.73	3,968.93
4	5.38	1,362.43	50,93	3.65	38.14
5	80.79	1.05	89.07	1,758.42	892.45
6	7.82	89.26	45.36	31.53	6,054.18
7	2.16	92.71	62.81	- 6.94	242.35
8	6,215.38	502.13	59.28	216.46	9,708.29
9	43.26	236.86	35.63	502.13	789.04
10	921.75	- 1,094.70	20.58	481.95	1,037.15
11		- 421.26	64.29	- 580.17	50.76
12			15.91	620.19	155.49
13				5.41	471.58
14				87.56	
15				1.03	
計					

小計 合計	小計(1)～(3)	小計(4)～(5)
	合計(1)～(5)	

構成 比率	(1)	(2)	(3)	(4)	(5)
	(1)～(3)			(4)～(5)	

（解答→別冊 p.6）

ビジネス計算の基本トレーニング

1．端数処理トレーニング

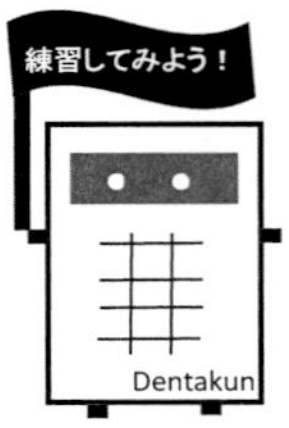

端数処理には，主に「切り捨て」「切り上げ」「4 捨 5 入」の 3 つの方法があるよ。
切り捨て：求める位よりも下位に端数がある場合に，端数を 0 にする。
切り上げ：求める位よりも下位に端数がある場合に，求める位に 1 を足して，端数を 0 にする。
4 捨 5 入：求める位の次の位の数が 4 以下であれば切り捨て，5 以上であれば切り上げる。

円未満切り捨て

① ¥250.3 → (　　　　)　② ¥345.7 → (　　　　)
③ ¥1,892.24 → (　　　　)　④ ¥971.532 → (　　　　)

円未満切り上げ

① ¥250.3 → (　　　　)　② ¥345.7 → (　　　　)
③ ¥1,892.24 → (　　　　)　④ ¥971.532 → (　　　　)

円未満 4 捨 5 入

① ¥250.3 → (　　　　)　② ¥345.7 → (　　　　)
③ ¥1,892.24 → (　　　　)　④ ¥971.532 → (　　　　)
⑤ ¥125.2 → (　　　　)　⑥ ¥3,476.89 → (　　　　)

セント未満 4 捨 5 入

① €21.833 → (　　　　)　② ＄125.526 → (　　　　)
③ ＄350.1348 → (　　　　)　④ €13.2783 → (　　　　)
⑤ €32.144 → (　　　　)　⑥ ＄45.1234 → (　　　　)

2．割合のあらわし方トレーニング

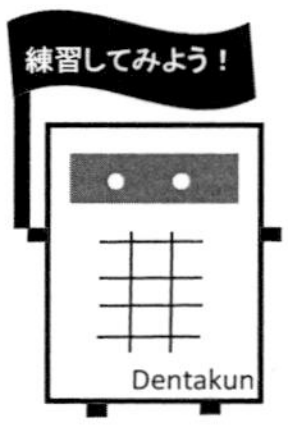

「¥2,500 の 75%はいくらか」のような問題では，「¥2,500 × 0.75 = ¥1,875」のように，割合を小数にして計算するよ。75%や 7 割 5 分などの割合をすばやく小数に直せるように，練習をしてみよう！

	百分率	小　数	歩　合
①	23%		
②		0.35	
③			1 割 3 分
④	4.3%		
⑤		0.021	
⑥	0.1%		
⑦			2 割 4 厘

	百分率	小　数	歩　合
⑧			5 分
⑨		0.005	
⑩	76.3%		
⑪	40.08%		4 割 8 毛
⑫	3.4%		
⑬			3 割 3 分 3 厘
⑭	0.76%		

（解答→別冊 p.6）

3. 補数トレーニング

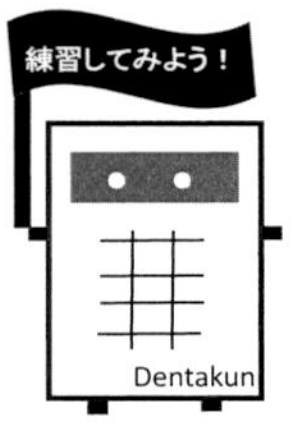

「補数」は，足して 1 になる相手の数のことを言うよ。
たとえば，0.8 の補数 → 0.2
0.23 の補数 → 0.77
0.006 の補数 → 0.994
補数は，ビジネス計算で使う機会が多いので，しっかり練習しておこう！

① 0.3 → (　　　　　)　　② 0.4 → (　　　　　)
③ 0.26 → (　　　　　)　　④ 0.34 → (　　　　　)
⑤ 0.015 → (　　　　　)　　⑥ 0.56 → (　　　　　)
⑦ 0.83 → (　　　　　)　　⑧ 0.48 → (　　　　　)
⑨ 0.08 → (　　　　　)　　⑩ 0.007 → (　　　　　)

4. 割増トレーニング

「¥2,500 の 35%増しはいくらか」のような問題では，「¥2,500 ×（1 + 0.35）= ¥3,375」のように，割合を小数に直し，その数に 1 を足した値を使って計算するよ。
「2 割増し → 1.2」「21%増し → 1.21」のように変換する練習をしよう！

① 3 割増し → (　　　　　)　　② 3 割 5 分増し → (　　　　　)
③ 5 分増し → (　　　　　)　　④ 2 割 3 分増し → (　　　　　)
⑤ 2 割 3 厘増し → (　　　　　)　　⑥ 6 分増し → (　　　　　)
⑦ 10%増し → (　　　　　)　　⑧ 5%増し → (　　　　　)
⑨ 2.5%増し → (　　　　　)　　⑩ 1.3%増し → (　　　　　)
⑪ 4.05%増し → (　　　　　)　　⑫ 0.6%増し → (　　　　　)

5. 日数計算の基本トレーニング

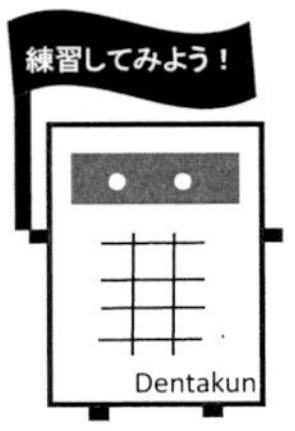

日数計算をおこなう上では 1 月～ 12 月の各月の日数が何日あるのかを把握しておく必要があるよ。
31 日：1 月，3 月，5 月，7 月，8 月，10 月，12 月
30 日：4 月，6 月，9 月，11 月
28 日：2 月（うるう年では 29 日）

① 1 月 → (　　　日)　　② 5 月 → (　　　日)　　③ 12 月 → (　　　日)
④ 4 月 → (　　　日)　　⑤ 10 月 → (　　　日)　　⑥ 3 月 → (　　　日)
⑦ 7 月 → (　　　日)　　⑧ 9 月 → (　　　日)　　⑨ 8 月 → (　　　日)
⑩ 11 月 → (　　　日)　　⑪ 6 月 → (　　　日)
⑫ 2 月（うるう年）→ (　　　日)　　⑬ 2 月（平年）→ (　　　日)

1．割合に関する計算

1　割合のあらわしかた

割合とは，ある2つの量を比較して，比較される量とその基準となる量との比率をいう。比較される量を**比較《ひかく》量《りょう》**，基準となる量を**基準量《きじゅんりょう》**という。**「¥140は¥200の何パーセントか」**という場合，¥200を基準（100%）としたときの割合を問われているため，¥200が「基準量」で¥140が「比較量」となる。

割　合	＝	比較量	÷	基準量

2　割合の計算

割合の計算では，基準量と比較量を正確に把握しなければならない。**「¥200の70%はいくらか」**という場合，¥200が「基準量」であり，これを100%としたときの70%分を問われているため，答えは¥140である。この場合，70%が「割合」で，¥140が「比較量」となる。

比較量	＝	基準量	×	割　合
基準量	＝	比較量	÷	割　合

3　割増に関する計算

基準となる量（基準量）に，一定の割合の量を加えることを**割増《わりまし》**という。この割増する量を**増加量**という。また，増加させる割合を**増加率**という。

増　加　量	＝	基準量	×	増加率
割増の結果	＝	基準量	＋	増加量

↓

割増の結果　＝　基準量　×（1　＋　増加率）

4　割引に関する計算

割増とは逆に，基準となる量（基準量）から一定の割合の量を差し引くことを**割引《わりびき》**という。この割り引く量を**減少量**という。また，減少させる割合を**減少率**という。

減　少　量	＝	基準量	×	減少率
割引の結果	＝	基準量	－	減少量

↓

割引の結果　＝　基準量　×（1　－　減少率）

例 1

¥670,000 の 66%はいくらか。

【解式】¥670,000 × 0.66 ＝ ¥442,200
基準量 × 割合 ＝ 比較量

【電卓】670000 [×] . 66 [=] ／ 670000 [×] 66 [%]

答 ¥442,200

例 2

¥116,100 は ¥430,000 の何パーセントか。

【解式】¥116,100 ÷ ¥430,000 ＝ 0.27（27%）
比較量 ÷ 基準量 ＝ 割合

【電卓】116100 [÷] 430000 [%]

答 27%

例 3

ある金額の 5 割 2 分が ¥462,800 であった。ある金額はいくらか。

【解式】¥462,800 ÷ 0.52 ＝ ¥890,000
比較量 ÷ 割合 ＝ 基準量

【電卓】462800 [÷] . 52 [=] ／ 462800 [÷] 52 [%]

答 ¥890,000

≪ 練習問題 ≫

(1) ¥320,000 の 48%はいくらか。

答 ＿＿＿＿＿＿

(2) ¥140,000 の 8 割 1 分はいくらか。

答 ＿＿＿＿＿＿

(3) ¥155,400 は ¥370,000 の何パーセントか。

答 ＿＿＿＿＿＿

(4) ¥552,000 は ¥600,000 の何割何分か。

答 ＿＿＿＿＿＿

(5) ある金額の 3 割 5 分が ¥101,500 であった。ある金額はいくらか。

答 ＿＿＿＿＿＿

(6) ある金額の 72%が ¥345,600 であった。ある金額はいくらか。

答 ＿＿＿＿＿＿

（解答→別冊 p.7、例題・練習問題復習テスト→ p.40 ）

例4

¥190,000 の 33%増しはいくらか。

【解式】¥190,000 ×（1 ＋ 0.33）＝ ¥252,700
基準量 ×（1 ＋ 増加率）＝ 割増の結果

【電卓】共通　190000 [×] 1.33 [=] ／ 190000 [×] 133 [%]
C型　190000 [×] 33 [%] [+]
S型　190000 [×] 33 [%] [+] [=] ／ 190000 [+] 33 [%]

答　¥252,700

例5

¥640,000 の 45%引きはいくらか。

【解式】¥640,000 ×（1 － 0.45）＝ ¥352,000
基準量 ×（1 － 減少率）＝ 割引の結果

【電卓】0.45 の補数は 0.55 なので，
共通　640000 [×] .55 [=] ／ 640000 [×] 55 [%]
C型　640000 [×] 45 [%] [−]
S型　640000 [×] 45 [%] [−] [=] ／ 640000 [−] 45 [%]

答　¥352,000

例6

ある金額の 23%増しが ¥541,200 であった。ある金額はいくらか。

【解式】¥541,200 ÷（1 ＋ 0.23）＝ ¥440,000
割増の結果 ÷（1 ＋ 増加率）＝ 基準量

【電卓】541200 [÷] 1.23 [=] ／ 541200 [÷] 123 [%]

答　¥440,000

例7

ある金額の 39%引きが ¥152,500 であった。ある金額はいくらか。

【解式】¥152,500 ÷（1 － 0.39）＝ ¥250,000
割引の結果 ÷（1 － 減少率）＝ 基準量

【電卓】0.39 の補数は 0.61 なので，
152500 [÷] .61 [=] ／ 152500 [÷] 61 [%]

答　¥250,000

例8

¥939,400 は ¥770,000 の何%増しか。

【解式】（¥939,400 － ¥770,000）÷ ¥770,000 ＝ 0.22（22%）
「¥169,400（増加量）は ¥770,000 の何パーセントか」という割合の計算と捉えることができる。そのため，比較量（¥169,400）÷基準量（¥770,000）＝割合より，上記の式となる。

【電卓】939400 [−] 770000 [÷] 770000 [%]

答　22%（増し）

例9

¥541,800 は ¥860,000 の何割何分引きか。

【解式】（¥860,000 － ¥541,800）÷ ¥860,000 ＝ 0.37（3 割 7 分）
【電卓】860000 [−] 541800 [÷] 860000 [%]　（37%＝ 3 割 7 分）

答　3割7分（引き）

≪ 練習問題 ≫

(1) ¥500,000 の 46％増しはいくらか。

答 ______________

(2) ¥230,000 の 6 割 7 分増しはいくらか。

答 ______________

(3) ¥170,000 の 13％引きはいくらか。

答 ______________

(4) ¥650,000 の 8 割 4 分引きはいくらか。

答 ______________

(5) ある金額の 39％増しが ¥556,000 であった。ある金額はいくらか。

答 ______________

(6) ある金額の 2 割 6 分増しが ¥945,000 であった。ある金額はいくらか。

答 ______________

(7) ある金額の 57％引きが ¥236,500 であった。ある金額はいくらか。

答 ______________

(8) ある金額の 3 割 1 分引きが ¥186,300 であった。ある金額はいくらか。

答 ______________

(9) ¥592,000 は ¥320,000 の何割何分増しか。

答 ______________

(10) ¥976,800 は ¥880,000 の何パーセント増しか。

答 ______________

(11) ¥664,200 は ¥810,000 の何割何分引きか。

答 ______________

(12) ¥460,200 は ¥780,000 の何パーセント引きか。

答 ______________

（解答→別冊 p.7、例題・練習問題復習テスト→ p.41 ）

2．度量衡と外国貨幣の計算①

1　度《ど》量《りょう》衡《こう》の計算

　度量衡制度とは，長さ・容積・重さの基本単位の大きさと各単位間の関係を規定したものである。わが国はメートル法を採用しているが，イギリスのようにヤード・ポンド法を採用している国もある。

　同じ数量でも，度量衡制度の異なる国では異なった単位や名称で表示されるので，制度の異なる国との取引では，単位を一方の国の単位に合わせて計算する必要がある。これを**換算**という。度量衡の換算では，換算される数を**被換算高**，換算された数を**換算高**といい，被換算高と換算高の割合を**換算率**という。

　たとえば，**「100yd は何メートルか。ただし，1yd = 0.9144 mとする」**という場合，100yd が「被換算高」であり，0.9144 mが「換算率」である。また，この場合，答えの 91.44 mは「換算高」である。

換算高　＝　換算率　×　被換算高
（換算率が被換算高側の単位を 1 として示された場合）

換算高　＝　被換算高　÷　換算率
（換算率が換算高側の単位を 1 として示された場合）

1　度量衡の計算

例 1　1　度量衡の計算

300yd は何メートルか。ただし，1yd = 0.9144 mとする。（メートル未満 4 捨 5 入）

【解式】 0.9144 m × 300yd = 274.32 m（4 捨 5 入により，274m）
換算率 × 被換算高 = 換算高

【電卓】 ラウンドセレクターを5/4，小数点セレクターを0 に設定
.9144 [×] 300 [=]

答　274m

例 2　1　度量衡の計算

150L は何英ガロンか。ただし，1 英ガロン = 4.546L とする。（英ガロン未満 4 捨 5 入）

【解式】 150L ÷ 4.546L = 32.9…英ガロン（4 捨 5 入により，33 英ガロン）
被換算高 ÷ 換算率 = 換算高

【電卓】 ラウンドセレクターを5/4，小数点セレクターを0 に設定
150 [÷] 4.546 [=]

答　33英ガロン

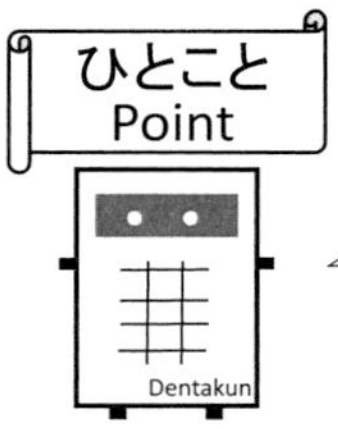

　問題文に 4 捨 5 入の指示があるときには，電卓のラウンドセレクターを 5/4 に設定するといいよ！
たとえば…
・円，メートル，ガロン，キログラムなど
　小数点セレクター　0
　ラウンドセレクター　5/4

・セント，ペンスなど
　小数点セレクター　2
　ラウンドセレクター　5/4

≪ 練習問題 ≫

(1) 150yd は何メートルか。ただし，1yd = 0.9144 m とする。
（メートル未満4捨5入）

答 ＿＿＿＿＿＿＿＿

(2) 370ft は何メートルか。ただし，1ft = 0.3048 m とする。
（メートル未満4捨5入）

答 ＿＿＿＿＿＿＿＿

(3) 135 lb は何キログラムか。ただし，1lb = 0.4536kg とする。
（キログラム未満4捨5入）

答 ＿＿＿＿＿＿＿＿

(4) 600 米ガロンは何リットルか。ただし，1 米ガロン = 3.785L とする。

答 ＿＿＿＿＿＿＿＿

(5) 170L は何英ガロンか。ただし，1 英ガロン = 4.546L とする。
（英ガロン未満4捨5入）

答 ＿＿＿＿＿＿＿＿

(6) 13.716 m は何ヤードか。ただし，1yd = 0.9144 m とする。

答 ＿＿＿＿＿＿＿＿

(7) 68.04 kg は何ポンドか。ただし，1lb = 0.4536kg とする。

答 ＿＿＿＿＿＿＿＿

（解答→別冊 p.8、例題・練習問題復習テスト→ p.42 ）

MEMO

2．度量衡と外国貨幣の計算②

2　外国貨幣の計算

海外との取引においては，代金の決済などの際に，わが国の通貨「円」を，相手国の通貨におきかえる必要がある。このことは他の国ぐにについても同様で，「ドル」から「ポンド」へという場合もある。

このように，ある国の通貨を別の国の通貨におきかえることを**貨幣の換算**といい，通貨と通貨の交換比率によっておこなっている。ある国の通貨／単位を他の国の通貨に交換する場合の比率を**外国為替相場**という。現在，外国為替相場は外国為替市場の需給によって動いており，これを**変動為替相場**という。

日　本	円	¥	1 円= 100 銭
	(銭)		
アメリカ	ドル	$	1 ドル= 100 セント
	セント	¢	
ドイツ・フランスなど	ユーロ	€	1 ユーロ= 100 セント
イギリス	ポンド	£	1 ポンド= 100 ペンス
	ペンス	p	

2　外国貨幣の計算

例３　2　外国貨幣の計算

$45.60 は円でいくらか。ただし，$1 = ¥104 とする。（円未満 4 捨 5 入）

【解式】 ¥104 × $45.60 = ¥4,742.4（4 捨 5 入により，¥4,742）
換算率 × 被換算高 = 換算高

【電卓】 ラウンドセレクターを5/4，小数点セレクターを0 に設定
104 ⊠ 45.60 ⊟

答　¥4,742

例４　2　外国貨幣の計算

¥2,500 は何ユーロ何セントか。ただし，€1 = ¥120 とする。（セント未満 4 捨 5 入）

【解式】 ¥2,500 ÷ ¥120 = €20.833…（セント未満 4 捨 5 入により，€ 20.83）
被換算高 ÷ 換算率 = 換算高

【電卓】 ラウンドセレクターを5/4，小数点セレクターを2 に設定
2500 ÷ 120 ⊟

答　€ 20.83

≪ 練習問題 ≫

(1) $45 は円でいくらか。ただし，$1 = ¥106 とする。

答 ＿＿＿＿＿＿＿＿

(2) $35.29 は円でいくらか。ただし，$1 = ¥107 とする。
（円未満4捨5入）

答 ＿＿＿＿＿＿＿＿

(3) £54.70 は円でいくらか。ただし，£1 = ¥175 とする。
（円未満4捨5入）

答 ＿＿＿＿＿＿＿＿

(4) ¥17,000 は何ユーロ何セントか。ただし，€1 = ¥120 とする。
（セント未満4捨5入）

答 ＿＿＿＿＿＿＿＿

(5) ¥24,000 は何ドル何セントか。ただし，$1 = ¥115 とする。
（セント未満4捨5入）

答 ＿＿＿＿＿＿＿＿

(6) ¥25,800 は何ポンド何ペンスか。ただし，£1 = ¥196 とする。
（ペンス未満4捨5入）

答 ＿＿＿＿＿＿＿＿

（解答→別冊 p.8、例題・練習問題復習テスト→ p.43 ）

MEMO

3．売買・損益の計算①

1　商品の数量と代金の計算

商品の仕入れや販売では，単価に取引数量をかけることで商品の代金を計算する。**単価**は，**「小麦粉 1 袋につき ¥300」**のように，その商品の種類や商慣習などにより，個数，キログラムなどの重量，リットルなどの容積，メートルなどの長さなどを基準としたときの金額であらわされ，この場合では，¥300 が「単価」となる。

また，価格を示す基準となる商品の一定数量のことを**建**《たて》といい，建によって示される価格を**建値**《たてね》という。小麦粉の例では，1 袋が「建」で，¥300 が「建値」である。

$$\text{商品代金} = \text{建値} \times \frac{\text{取引数量}}{\text{単位数量（建）}}$$

$$\text{取引数量} = \text{商品代金} \div \text{単価}$$

1　商品の数量と代金の計算

例 1　1　商品の数量と代金の計算

10 個につき ¥1,500 の商品を 250 個販売した。代価はいくらか。

【解式】 $¥1,500 \times \frac{250\text{個}}{10\text{個}} = \underline{¥37,500}$　または（¥1,500 ÷ 10 個）× 250 個 = $\underline{¥37,500}$

$\text{建値} \times \frac{\text{取引数量}}{\text{単位数量（建）}} = \text{商品代金}$

【電卓】 1500 × 250 ÷ 10 = ／ 1500 ÷ 10 × 250 =

答　¥37,500

例 2　1　商品の数量と代金の計算

ある商品を 1 個につき ¥470 で仕入れ，代価 ¥75,200 を支払った。仕入数量は何個か。

【解式】 ¥75,200 ÷ ¥470 = <u>160 個</u>

商品代金 ÷ 単価 = 取引数量

【電卓】 75200 ÷ 470 =

答　160個

例 3　1　商品の数量と代金の計算

ある商品を 5 個につき ¥470 で仕入れ，代価 ¥75,200 を支払った。仕入数量は何個か。

【解式】 ¥75,200 ÷（¥470 ÷ 5 個）= <u>800 個</u>

商品代金 ÷ 単価 = 取引数量

【電卓】 C型　470 ÷ 5 = 75200 ÷ GT = ／ 470 ÷ 5 ÷ ÷ 75200 =

S型　470 ÷ 5 = 75200 ÷ GT =

答　800個

≪ 練習問題 ≫

(1) 20個につき¥5,600の商品を360個販売した。代価はいくらか。

答 ＿＿＿＿＿＿＿＿

(2) 1ダースにつき¥3,600の商品を5ダース販売した。代価はいくらか。

答 ＿＿＿＿＿＿＿＿

(3) 10Lにつき¥500の商品を650L販売した。代価はいくらか。

答 ＿＿＿＿＿＿＿＿

(4) 10kgにつき¥800の商品を450kg販売した。代価はいくらか。

答 ＿＿＿＿＿＿＿＿

(5) ある商品を5mにつき¥2,400で仕入れ，代価¥48,000を支払った。仕入数量は何メートルか。

答 ＿＿＿＿＿＿＿＿

(6) ある商品を3kgにつき¥240で販売し，代価¥54,000を受け取った。販売数量は何キログラムであったか。

答 ＿＿＿＿＿＿＿＿

（解答→別冊 p.9、例題・練習問題復習テスト→ p.44）

MEMO

3．売買・損益の計算②

2 仕入原価の計算

商品代金に，その仕入れに要した引取運賃や運送保険料などの**仕入諸掛**《しいれしょがかり》（商品の仕入時に発生するさまざまな費用）を加えたものを，**仕入原価（諸掛込**《しょがかりこみ》**原価）**という。仕入諸掛を売り主が負担して，売買契約が買い主店頭渡しでおこなわれたときは，商品代金がそのまま仕入原価となる。また，仕入原価を単に**原価**と呼ぶこともある。

仕入原価（諸掛込原価）＝　商品代金　＋　仕入諸掛

2 仕入原価の計算

例4　2 仕入原価の計算

ある商品を¥234,500で仕入れ，仕入諸掛¥54,300を支払った。仕入原価はいくらか。

【解式】¥234,500＋¥54,300＝¥288,800
　　商品代金　＋　仕入諸掛　＝　仕入原価（諸掛込原価）

【電卓】234500 ＋ 54300 ＝

答　¥288,800

例5　2 仕入原価の計算

ある商品を¥700,000で仕入れ，引取運賃¥15,000と運送保険料¥3,500を支払った。仕入原価はいくらか。

【解式】¥700,000＋（¥15,000＋¥3,500）＝¥718,500
　　商品代金　＋　仕入諸掛　＝　仕入原価（諸掛込原価）

【電卓】700000 ＋ 15000 ＋ 3500 ＝

答　¥718,500

例6　2 仕入原価の計算

ある商品を1kgにつき¥530で600kg仕入れ，仕入諸掛¥45,000を支払った。この商品の諸掛込原価はいくらか。

【解式】$\left(¥530 \times \frac{600\text{kg}}{1\text{kg}}\right) + ¥45{,}000 = ¥363{,}000$

$\left(\text{建値} \times \frac{\text{取引数量}}{\text{単位数量（建）}}\right) + \text{仕入諸掛} = \text{仕入原価（諸掛込原価）}$

【電卓】530 × 600 ＋ 45000 ＝

答　¥363,000

≪ 練習問題 ≫

(1) ある商品を￥135,700で仕入れ，仕入諸掛￥24,600を支払った。仕入原価はいくらか。

答 ＿＿＿＿＿＿＿＿

(2) ある商品を￥2,570,000で仕入れ，仕入諸掛￥590,000を支払った。仕入原価はいくらか。

答 ＿＿＿＿＿＿＿＿

(3) ある商品を￥564,000で仕入れ，引取運賃￥25,300と運送保険料￥2,820を支払った。仕入原価はいくらか。

答 ＿＿＿＿＿＿＿＿

(4) ある商品を￥498,000で仕入れ，引取運賃￥13,500と運送保険料￥2,170を支払った。仕入原価はいくらか。

答 ＿＿＿＿＿＿＿＿

(5) ある商品を1kgにつき￥760で350kg仕入れ，仕入諸掛￥32,000を支払った。この商品の諸掛込原価はいくらか。

答 ＿＿＿＿＿＿＿＿

(6) 1パックにつき￥1,750の商品を560パック仕入れ，仕入諸掛￥42,950を支払った。諸掛込原価はいくらであったか。

答 ＿＿＿＿＿＿＿＿

（解答→別冊 p.9、例題・練習問題復習テスト→ p.45 ）

MEMO

3．売買・損益の計算③

3　見込利益（値入れ）と予定売価の計算

仕入れた商品を販売するにあたっては，仕入原価に一定の利益額を見込んで販売価格を決定する。仕入原価に見込利益額を加えることを**値入れ**といい，また，この見込利益額のことを**利幅**《りはば》（粗利益《あらりえき》）という。仕入原価に対する利幅の比率を**見込利益率**（値入率）という。仕入原価に見込利益額を加えた販売価格は，店頭で買い主に表示される。これを**予定売価**（定価）という。

見込利益額	＝	仕入原価	×	見込利益率（値入率）
予 定 売 価	＝	仕入原価	＋	見込利益額

↓

予 定 売 価	＝	仕入原価	×	（1＋見込利益率）

3　見込利益（値入れ）と定価の計算

例7　3 見込利益（値入れ）と予定売価の計算

仕入原価が¥24,000の商品に25%の利益を見込んで予定売価（定価）をつけた。利益額はいくらか。

【解式】¥24,000 × 0.25 = ¥6,000
仕入原価　×　見込利益率　＝　見込利益額

【電卓】24000[×].25[=]／24000[×]25[%]

答　¥6,000

例8　3 見込利益（値入れ）と予定売価の計算

ある商品の利益額が¥5,600であり，これは仕入原価の3割5分にあたるという。仕入原価はいくらか。

【解式】¥5,600 ÷ 0.35 = ¥16,000
見込利益額　÷　見込利益率　＝　仕入原価

【電卓】5600[÷].35[=]／5600[÷]35[%]

答　¥16,000

例9　3 見込利益（値入れ）と予定売価の計算

¥68,000で仕入れた商品に15%の利益を見込んで販売したい。予定売価（定価）をいくらにしたらよいか。

【解式】¥68,000 ×（1 + 0.15）= ¥78,200
仕入原価　×　（1＋見込利益率）　＝　予定売価

【電卓】共通　68000[×]1.15[=]／68000[×]115[%]
C型　68000[×]15[%][+]
S型　68000[×]15[%][+][=]／68000[+]15[%]

答　¥78,200

≪ 練習問題 ≫

(1) 仕入原価が¥150,000の商品に1割5分の利益を見込んで予定売価（定価）をつけた。利益額はいくらか。

答 ＿＿＿＿＿＿＿＿

(2) ある商品を¥246,000で仕入れ，仕入諸掛¥72,000を支払った。この商品に仕入原価の13％の利益を見込むと，利益額はいくらか。

答 ＿＿＿＿＿＿＿＿

(3) ある商品の利益額が¥19,500であり，これは仕入原価の2割6分にあたるという。仕入原価はいくらか。

答 ＿＿＿＿＿＿＿＿

(4) ある商品の原価に¥2,700の利益を見込んだところ，この利益が原価の15％にあたるという。この商品の原価はいくらか。

答 ＿＿＿＿＿＿＿＿

(5) ¥420,000で仕入れた商品に14％の利益を見込んで予定売価（定価）をつけた。予定売価（定価）はいくらか。

答 ＿＿＿＿＿＿＿＿

(6) 原価¥540,000の商品に原価の25％の利益を見込んで予定売価（定価）をつけた。予定売価（定価）はいくらか。

答 ＿＿＿＿＿＿＿＿

（解答→別冊 p.9、例題・練習問題復習テスト→ p.46 ）

MEMO

例10　[3] 見込利益（値入れ）と予定売価の計算

仕入原価¥240,000の商品に¥288,000の予定売価（定価）をつけた。利益額は仕入原価の何パーセントか。

【解式】（¥288,000 − ¥240,000）÷ ¥240,000 = 0.2（20%）
見込利益額　÷　仕入原価　=　見込利益率

【電卓】288000 [−] 240000 [÷] 240000 [%]

答　20%

例11　[3] 見込利益（値入れ）と予定売価の計算

ある商品に原価の25%の利益を見込んで¥504,000の予定売価（定価）をつけた。原価はいくらか。

【解式】¥504,000 ÷（1 + 0.25）= ¥403,200
予定売価　÷　（1＋見込利益率）　=　仕入原価

【電卓】504000 [÷] 1.25 [=] ／ 504000 [÷] 125 [%]

答　¥403,200

例12　[3] 見込利益（値入れ）と予定売価の計算

1mにつき¥2,600の商品を370m仕入れ，仕入諸掛¥61,800を支払った。この商品に諸掛込原価の15%の利益を見込んで価格をつけ，価格どおりに販売した。実売価の総額はいくらか。

【解式】（¥2,600 × 370 m + ¥61,800）×（1 + 0.15）= ¥1,177,370
諸掛込原価　×　（1＋見込利益率）　=　実売価の総額

【電卓】共通　2600 [×] 370 [+] 61800 [×] 1.15 [=] ／ 2600 [×] 370 [+] 61800 [×] 115 [%]
C型　2600 [×] 370 [+] 61800 [×] 15 [%] [+]
S型　2600 [×] 370 [+] 61800 [×] 15 [%] [+] [=] ／ 2600 [×] 370 [+] 61800 [+] 15 [%]

答　¥1,177,370

≪ 練習問題 ≫

(1) 原価￥650,000の商品に￥80,600の利益を見込んだ。利益額は原価の何パーセントにあたるか。パーセントの小数第1位まで求めよ。

答 ＿＿＿＿＿＿＿＿

(2) 原価￥163,000の商品に￥203,000の予定売価（定価）をつけた。利益額は原価の何パーセントか。（パーセントの小数第1位未満4捨5入）

答 ＿＿＿＿＿＿＿＿

(3) ある商品を￥820,000で仕入れ，￥80,000の仕入諸掛を支払った。この商品に￥127,800の利益を見込んで販売するとき，利益額は仕入原価の何パーセントにあたるか。パーセントの小数第1位まで求めよ。

答 ＿＿＿＿＿＿＿＿

(4) ある商品に原価の1割4分の利益を見込んで￥353,400の予定売価（定価）をつけた。原価はいくらか。

答 ＿＿＿＿＿＿＿＿

(5) 1ダースにつき￥2,400の商品を13ダース仕入れ，仕入諸掛￥2,500を支払った。この商品を諸掛込原価の20%の利益を見込んで販売すると，実売価の総額はいくらか。

答 ＿＿＿＿＿＿＿＿

（解答→別冊 p.10、例題・練習問題復習テスト→ p.47）

MEMO

3．売買・損益の計算④

④　**値引きと実売価の計算**

　商品を相手側に売り渡したときの販売価格を**実売価**という。予定売価（定価）で販売すれば予定売価と実売価は同じになるが，商品の品質低下や流行遅れ，汚損などの場合には，予定売価から一定の金額を**値引き**して販売することがある。

　値引きの表現は，**「予定売価の20%引き」**のように**値引率**で示す場合と，**「予定売価の8掛」**というように**掛**《かけ》を使用する場合がある。**「予定売価の8掛」**とは，**「予定売価の8割（80%）」**すなわち，予定売価の2割（20%）引きにあたる。

値引額 ＝ 予定売価 × 値引率 実売価 ＝ 予定売価 － 値引額

↓

実売価 ＝ 予定売価 ×（1－値引率）／ 実売価 ＝ 予定売価 × 割合

④　値引きと実売価の計算

例13　④ 値引きと実売価の計算

予定売価（定価）¥759,000の商品を23%値引きすると，値引額はいくらになるか。

【解式】 ¥759,000 × 0.23 = ¥174,570
　予定売価 × 値引率 ＝ 値引額

【電卓】 759000 [×] . 23 [=] ／ 759000 [×] 23 [%]

答　¥174,570

例14　④ 値引きと実売価の計算

予定売価(定価)から18%引きして販売したところ，値引額が¥45,000になった。予定売価（定価）はいくらか。

【解式】 ¥45,000 ÷ 0.18 = ¥250,000
　公式より，予定売価 × 値引率 ＝ 値引額　のため，
　値引額 ÷ 値引率 ＝ 予定売価

【電卓】 45000 [÷] . 18 [=] ／ 45000 [÷] 18 [%]

答　¥250,000

例15　④ 値引きと実売価の計算

予定売価（定価）¥380,000の商品を¥60,800値引きして販売した。値引額は予定売価（定価）の何パーセントか。

【解式】 ¥60,800 ÷ ¥380,000 = 0.16（16%）
　値引額 ÷ 予定売価 ＝ 値引率

【電卓】 60800 [÷] 380000 [%]

答　16%

例16 ④ 値引きと実売価の計算

予定売価（定価）¥275,000の商品を¥217,250で販売した。値引額は予定売価（定価）の何パーセントか。

【解式】（¥275,000 − ¥217,250）÷ ¥275,000 = 0.21（21%）
値引額 ÷ 予定売価 = 値引率

【電卓】275000 [−] 217250 [÷] 275000 [%]

答 21%

≪ 練習問題 ≫

(1) 予定売価（定価）¥280,000の商品を31%値引きすると，値引額はいくらになるか。

答 ＿＿＿＿＿＿＿＿

(2) 予定売価（定価）¥350,000の商品を2割5分値引きすると，値引額はいくらになるか。

答 ＿＿＿＿＿＿＿＿

(3) 予定売価（定価）から11%引きして販売したところ，値引額が¥84,700になった。予定売価（定価）はいくらか。

答 ＿＿＿＿＿＿＿＿

(4) 予定売価（定価）¥266,000の商品を¥37,240値引きして販売した。値引額は予定売価（定価）の何パーセントか。

答 ＿＿＿＿＿＿＿＿

(5) 予定売価（定価）¥150,000の商品を¥115,500で販売した。値引額は予定売価（定価）の何パーセントになるか。

答 ＿＿＿＿＿＿＿＿

（解答→別冊p.10、例題・練習問題復習テスト→p.48）

例17　[4] 値引きと実売価の計算

予定売価（定価）¥630,000 の商品を，予定売価（定価）の 7％値引きで販売した。実売価はいくらか。

【解式】¥630,000 ×（1 − 0.07）= ¥585,900
予定売価　×（1 −値引率）=　実売価

【電卓】0.07 の補数は 0.93 なので，
共通　630000 [×] . 93 [=] ／ 630000 [×] 93 [%]
C型　630000 [×] 7 [%] [−]
S型　630000 [×] 7 [%] [−] [=] ／ 630000 [−] 7 [%]

答　¥585,900

例18　[4] 値引きと実売価の計算

予定売価（定価）¥470,000 の商品を 6 掛で販売した。実売価はいくらか。

【解式】¥470,000 × 0.6 = ¥282,000
「予定売価の 6 掛」は「予定売価の 60%」を意味するため，
予定売価　×　割合　=　実売価　となる。

【電卓】470000 [×] . 6 [=] ／ 470000 [×] 60 [%]

答　¥282,000

例19　[4] 値引きと実売価の計算

予定売価（定価）の 8 掛半で販売したところ，実売価が ¥157,250 になった。予定売価（定価）はいくらであったか。

【解式】予定売価×割合＝実売価のため，予定売価＝実売価÷割合となる。
よって，¥157,250 ÷ 0.85 = ¥185,000

【電卓】157250 [÷] . 85 [=]

答　¥185,000

例20　[4] 値引きと実売価の計算

予定売価（定価）から 12％値引きして販売したところ，実売価が ¥396,000 になった。予定売価（定価）はいくらか。

【解式】¥396,000 ÷（1 − 0.12）= ¥450,000
公式より，予定売価　×（1 −値引率）=　実売価　のため，
実売価　÷（1 −値引率）=　予定売価

【電卓】0.12 の補数は 0.88 なので，
396000 [÷] . 88 [=] ／ 396000 [÷] 88 [%]

答　¥450,000

≪ 練習問題 ≫

(1) 予定売価（定価）¥350,000の商品を，予定売価（定価）の18%値引きで販売した。実売価はいくらか。

答 ______________

(2) 予定売価（定価）¥420,000の商品を2割4分値引きして販売した。実売価はいくらか。

答 ______________

(3) 予定売価（定価）¥137,000の商品を8掛で販売した。実売価はいくらか。

答 ______________

(4) 予定売価（定価）¥790,000の商品を7掛半で販売した。実売価はいくらか。

答 ______________

(5) 予定売価（定価）の6掛半で販売したところ，実売価が¥108,550になった。予定売価（定価）はいくらであったか。

答 ______________

(6) 予定売価（定価）の70%で販売したところ，実売価が¥196,000になった。予定売価（定価）はいくらであったか。

答 ______________

(7) 予定売価（定価）から8%値引きして販売したところ，実売価が¥83,720になった。予定売価（定価）はいくらか。

答 ______________

(8) 予定売価（定価）から3割5分値引きして販売したところ，実売価が¥8,450になった。予定売価（定価）はいくらか。

答 ______________

（解答→別冊 p.10、例題・練習問題復習テスト→ p.49 ）

4．利息の計算①

1　日数の計算

　ある期間の日数が何日あるかを計算するとき，期間の始まる日を**初日**，期間の終わる日を**期日**または**満期日**という。日数計算には，初日を算入しない**片落とし**，初日も期日も算入する**両端入れ**，初日も期日も算入しない**両端落とし**の3つの方法がある。

◆片 落 と し

◆両 端 入 れ

◆両端落とし

月	1月	2月	3月	4月	5月	6月	7月	8月	9月	10月	11月	12月
平　年	31	28	31	30	31	30	31	31	30	31	30	31
うるう年		29										

1　日数の計算

例 1　1 日数の計算

8月3日から10月18日までは何日間か。(片落とし)

【解式】 8月31日－3日＝28日
9月　　30日
10月　　18日
76日（片落とし❶）

【電卓】 28[+]30[+]18[=]（76日）
または，「日数計算条件セレクター」を「片落とし」に設定し，
C型　8[日数]3[÷]10[日数]18[=]（76日）
S型　8[日数]3[%]10[日数]18[=]（76日）

❶　両端入れの場合には片落としの日数に1日を足す。この問題では，両端入れの場合は77日となる。

答　76日

例 2　1 日数の計算

2月3日から5月15日までは何日間か 。(うるう年，両端入れ)

【解式】 2月29日－3日＝26日
3月　　31日
4月　　30日
5月　　15日
102日（片落とし）
＋1
103日（両端入れ）

【電卓】 26[+]31[+]30[+]15[+]1[=]（103日）
または，「日数計算条件セレクター」を「両端入れ」に設定し，
C型　2[日数]3[÷]5[日数]15[+]1[=]　（うるう年のため＋1日）
S型　2[日数]3[%]5[日数]15[=][+]1[=]　（うるう年のため＋1日）
または，「日数計算条件セレクター」を「片落とし」に設定し，
C型　2[日数]3[÷]5[日数]15[+]2[=]　（うるう年，両端入れのため＋2日）
S型　2[日数]3[%]5[日数]15[=][+]2[=]　（うるう年，両端入れのため＋2日）

答　103日

≪ 練習問題 ≫

(1) 3月5日から7月20日までは何日間か。（片落とし）

答 ＿＿＿＿＿＿＿＿

(2) 4月5日から6月17日までは何日間か。（片落とし）

答 ＿＿＿＿＿＿＿＿

(3) 5月3日から8月24日までは何日間か。（両端入れ）

答 ＿＿＿＿＿＿＿＿

(4) 2月4日から4月11日までは何日間か。（平年，片落とし）

答 ＿＿＿＿＿＿＿＿

(5) 2月14日から5月6日までは何日間か。（うるう年，両端入れ）

答 ＿＿＿＿＿＿＿＿

(6) 12月26日から3月7日までは何日間か。（平年，両端入れ）

答 ＿＿＿＿＿＿＿＿

(7) 11月14日から3月14日までは何日間か。（うるう年，片落とし）

答 ＿＿＿＿＿＿＿＿

（解答→別冊 p.11、例題・練習問題復習テスト→ p.50）

MEMO

4．利息の計算②

2　単利の計算

貸し借りされる元の金額を**元金**《がんきん》（元本《がんぽん》）といい，元金に対して一定の割合（利率）で利息を計算する方法を単利法という。利率には，1年間に対する利息の割合である**年利率**と，1か月間に対する利息の割合である**月利率**がある。また，元金と利息の合計金額を**元利合計**という。

◆利息

期間が年数の場合	利息 ＝ 元金 × 年利率 × 年数	（「○年間借り入れた」など）
期間が月数の場合	利息 ＝ 元金 × 年利率 × $\frac{\text{月数}}{\text{12 か月}}$	（「○か月借り入れた」など）
期間が日数の場合	利息 ＝ 元金 × 年利率 × $\frac{\text{日数}}{\text{365 日}}$	（「○日間借り入れた」など）

◆元利合計

元利合計 ＝ 元金 ＋ 利息

元利合計＝元金×（1＋年利率×期間）

2　単利の計算

例3　2 単利の計算

元金 ¥750,000 を年利率 3% で 4 年間借りると，利息はいくらか。

【解式】¥750,000 × 0.03 × 4 年＝ ¥90,000

元金 × 年利率 × 年数 ＝ 利息

【電卓】750000 × . 03 × 4 = ／ 750000 × 3 % × 4 =

答　¥90,000

例4　2 単利の計算

元金 ¥680,000 を年利率 2% で 8 か月間借り入れると，元利合計はいくらか。
（円未満切り捨て）

【解式】¥680,000 × 0.02 × $\frac{\text{8 か月}}{\text{12 か月}}$ ＝ ¥9,066.6…（¥9,066）

元金×年利率×$\frac{\text{月数}}{\text{12か月}}$＝利息

¥680,000 ＋ ¥9,066 ＝ ¥689,066

元金＋利息＝元利合計

または，¥680,000 ×（1 ＋ 0.02 × $\frac{\text{8 か月}}{\text{12 か月}}$）＝ ¥689,066.6…（¥689,066）

元金×（1＋年利率×期間）＝元利合計

【電卓】ラウンドセレクターを CUT（S型は↓），小数点セレクターを 0 に設定

680000 M＋ × . 02 × 8 ÷ 12（=） M＋ MR ／

680000 M＋ × 2 % × 8 ÷ 12（=） M＋ MR

※S型は MR の代わりに RM

※答案記入後， MC （S型は CM ）

答　¥689,066

≪ 練習問題 ≫

(1) 元金¥560,000を年利率4%で3年間借りると，利息はいくらか。

答 ＿＿＿＿＿＿＿＿

(2) 元金¥370,000を年利率2%で120日間貸し付けると，利息はいくらか。
(円未満切り捨て)

答 ＿＿＿＿＿＿＿＿

(3) 元金¥600,000を年利率5%で7か月間借り入れると，利息はいくらか。

答 ＿＿＿＿＿＿＿＿

(4) 元金¥360,000を年利率3%で1年3か月間貸し付けると，利息はいくらか。

答 ＿＿＿＿＿＿＿＿

(5) 元金¥40,000を年利率6%で5か月間貸し付けた。期日に受け取る利息はいくらか。

答 ＿＿＿＿＿＿＿＿

(6) 元金¥730,000を年利率2.3%で4月5日から6月12日まで借り入れた。利息はいくらか。(片落とし)

答 ＿＿＿＿＿＿＿＿

(7) 元金¥650,000を年利率3%で45日間貸し付けると，元利合計はいくらか。
(円未満切り捨て)

答 ＿＿＿＿＿＿＿＿

(8) 元金¥50,000を年利率1.5%で4か月間借りると，元利合計はいくらか。

答 ＿＿＿＿＿＿＿＿

(9) 元金¥240,000を年利率2.7%で3年間貸し付けると，元利合計はいくらか。

答 ＿＿＿＿＿＿＿＿

(10) 元金¥36,000を年利率1.5%で2年4か月間借り入れると，元利合計はいくらか。

答 ＿＿＿＿＿＿＿＿

(11) 元金¥480,000を年利率2%で2月6日から4月11日まで貸し付けると，元利合計はいくらか。(うるう年，片落とし，円未満切り捨て)

答 ＿＿＿＿＿＿＿＿

(解答→別冊p.12、例題・練習問題復習テスト→p.50)

例題・練習問題の復習①

1. 割合に関する計算（p.16～）

【p.17　例題 (解答→ p.17)**】**

例1　¥670,000 の 66%はいくらか。

答 ____________

例2　¥116,100 は ¥430,000 の何パーセントか。

答 ____________

例3　ある金額の 5 割 2 分が ¥462,800 であった。ある金額はいくらか。

答 ____________

【p.17　練習問題 (解答→別冊解答 p.7～)**】**

(1) ¥320,000 の 48%はいくらか。

答 ____________

(2) ¥140,000 の 8 割 1 分はいくらか。

答 ____________

(3) ¥155,400 は ¥370,000 の何パーセントか。

答 ____________

(4) ¥552,000 は ¥600,000 の何割何分か。

答 ____________

(5) ある金額の 3 割 5 分が ¥101,500 であった。ある金額はいくらか。

答 ____________

(6) ある金額の 72%が ¥345,600 であった。ある金額はいくらか。

答 ____________

【p.18　例題 (解答→ p.18)**】**

例4　¥190,000 の 33%増しはいくらか。

答 ____________

例5　¥640,000 の 45%引きはいくらか。

答 ____________

例6　ある金額の 23%増しが ¥541,200 であった。ある金額はいくらか。

答 ____________

例7　ある金額の 39%引きが ¥152,500 であった。ある金額はいくらか。

答 ____________

例 8 ¥939,400 は ¥770,000 の何％増しか。

答 ________________

例 9 ¥541,800 は ¥860,000 の何割何分引きか。

答 ________________

【p.19　練習問題 (解答→別冊解答 p.7～)】

(1) ¥500,000 の 46％増しはいくらか。

答 ________________

(2) ¥230,000 の 6 割 7 分増しはいくらか。

答 ________________

(3) ¥170,000 の 13％引きはいくらか。

答 ________________

(4) ¥650,000 の 8 割 4 分引きはいくらか。

答 ________________

(5) ある金額の 39％増しが ¥556,000 であった。ある金額はいくらか。

答 ________________

(6) ある金額の 2 割 6 分増しが ¥945,000 であった。ある金額はいくらか。

答 ________________

(7) ある金額の 57％引きが ¥236,500 であった。ある金額はいくらか。

答 ________________

(8) ある金額の 3 割 1 分引きが ¥186,300 であった。ある金額はいくらか。

答 ________________

(9) ¥592,000 は ¥320,000 の何割何分増しか。

答 ________________

(10) ¥976,800 は ¥880,000 の何パーセント増しか。

答 ________________

(11) ¥664,200 は ¥810,000 の何割何分引きか。

答 ________________

(12) ¥460,200 は ¥780,000 の何パーセント引きか。

答 ________________

第　学年　　組　　番	
名前	

	例 1 － 3	例 4 － 9	合計
例	／3	／6	／27
練	／6	／12	

例題・練習問題の復習②

2.　度量衡と外国貨幣の計算（p.20 ～）

【 p.20　例題 (解答→ p.20)**】**

例 1　300yd は何メートルか。ただし，1yd = 0.9144 m とする。
（メートル未満 4 捨 5 入）

答 ＿＿＿＿＿＿＿＿

例 2　150L は何英ガロンか。ただし，1 英ガロン = 4.546L とする。
（英ガロン未満 4 捨 5 入）

答 ＿＿＿＿＿＿＿＿

【 p.21　練習問題 (解答→別冊解答 p.8 ～)**】**

(1)　150yd は何メートルか。ただし，1yd = 0.9144 m とする。
（メートル未満 4 捨 5 入）

答 ＿＿＿＿＿＿＿＿

(2)　370ft は何メートルか。ただし，1ft = 0.3048 m とする。
（メートル未満 4 捨 5 入）

答 ＿＿＿＿＿＿＿＿

(3)　135 lb は何キログラムか。ただし，1lb = 0.4536kg とする。
（キログラム未満 4 捨 5 入）

答 ＿＿＿＿＿＿＿＿

(4)　600 米ガロンは何リットルか。ただし，1 米ガロン = 3.785L とする。

答 ＿＿＿＿＿＿＿＿

(5)　170L は何英ガロンか。ただし，1 英ガロン = 4.546L とする。
（英ガロン未満 4 捨 5 入）

答 ＿＿＿＿＿＿＿＿

(6)　13.716 m は何ヤードか。ただし，1yd = 0.9144 m とする。

答 ＿＿＿＿＿＿＿＿

(7)　68.04 kg は何ポンドか。ただし，1lb = 0.4536kg とする。

答 ＿＿＿＿＿＿＿＿

【p.22　例題 (解答→ p.22)】

例 3　＄45.60 は円でいくらか。ただし，＄1 = ￥104 とする。(円未満4捨5入)

答 ＿＿＿＿＿＿＿＿＿＿

例 4　￥2,500 は何ユーロ何セントか。ただし，€1 = ￥120 とする。
(セント未満4捨5入)

答 ＿＿＿＿＿＿＿＿＿＿

【p.23　練習問題 (解答→別冊解答 p.8 ～)】

(1) ＄45 は円でいくらか。ただし，＄1 = ￥106 とする。

答 ＿＿＿＿＿＿＿＿＿＿

(2) ＄35.29 は円でいくらか。ただし，＄1 = ￥107 とする。
(円未満4捨5入)

答 ＿＿＿＿＿＿＿＿＿＿

(3) ￡54.70 は円でいくらか。ただし，￡1 = ￥175 とする。
(円未満4捨5入)

答 ＿＿＿＿＿＿＿＿＿＿

(4) ￥17,000 は何ユーロ何セントか。ただし，€1 = ￥120 とする。
(セント未満4捨5入)

答 ＿＿＿＿＿＿＿＿＿＿

(5) ￥24,000 は何ドル何セントか。ただし，＄1 = ￥115 とする。
(セント未満4捨5入)

答 ＿＿＿＿＿＿＿＿＿＿

(6) ￥25,800 は何ポンド何ペンスか。ただし，￡1 = ￥196 とする。
(ペンス未満4捨5入)

答 ＿＿＿＿＿＿＿＿＿＿

第　学年　組　番	
名前	

	例1－2	例3－4	合計
例	／2	／2	／17
練	／7	／6	

例題・練習問題の復習③

3. 売買・損益の計算（p.24 ～）

【p.24 例題（解答→ p.24）】

例 1 10 個につき ¥1,500 の商品を 250 個販売した。代価はいくらか。

答 ＿＿＿＿＿＿＿＿

例 2 ある商品を 1 個につき ¥470 で仕入れ，代価 ¥75,200 を支払った。仕入数量は何個か。

答 ＿＿＿＿＿＿＿＿

例 3 ある商品を 5 個につき ¥470 で仕入れ，代価 ¥75,200 を支払った。仕入数量は何個か。

答 ＿＿＿＿＿＿＿＿

【p.25 練習問題（解答→別冊解答 p.9 ～）】

(1) 20 個につき ¥5,600 の商品を 360 個販売した。代価はいくらか。

答 ＿＿＿＿＿＿＿＿

(2) 1 ダースにつき ¥3,600 の商品を 5 ダース販売した。代価はいくらか。

答 ＿＿＿＿＿＿＿＿

(3) 10L につき ¥500 の商品を 650L 販売した。代価はいくらか。

答 ＿＿＿＿＿＿＿＿

(4) 10kg につき ¥800 の商品を 450kg 販売した。代価はいくらか。

答 ＿＿＿＿＿＿＿＿

(5) ある商品を 5 mにつき ¥2,400 で仕入れ，代価 ¥48,000 を支払った。仕入数量は何メートルか。

答 ＿＿＿＿＿＿＿＿

(6) ある商品を 3kg につき ¥240 で販売し，代価 ¥54,000 を受け取った。販売数量は何キログラムであったか。

答 ＿＿＿＿＿＿＿＿

【p.26　例題（解答→ p.26）】

例4　ある商品を¥234,500で仕入れ，仕入諸掛¥54,300を支払った。仕入原価はいくらか。

答 ＿＿＿＿＿＿＿＿

例5　ある商品を¥700,000で仕入れ，引取運賃¥15,000と運送保険料¥3,500を支払った。仕入原価はいくらか。

答 ＿＿＿＿＿＿＿＿

例6　ある商品を1kgにつき¥530で600kg仕入れ，仕入諸掛¥45,000を支払った。この商品の諸掛込原価はいくらか。

答 ＿＿＿＿＿＿＿＿

【p.27　練習問題（解答→別冊解答 p.9 ～）】

(1) ある商品を¥135,700で仕入れ，仕入諸掛¥24,600を支払った。仕入原価はいくらか。

答 ＿＿＿＿＿＿＿＿

(2) ある商品を¥2,570,000で仕入れ，仕入諸掛¥590,000を支払った。仕入原価はいくらか。

答 ＿＿＿＿＿＿＿＿

(3) ある商品を¥564,000で仕入れ，引取運賃¥25,300と運送保険料¥2,820を支払った。仕入原価はいくらか。

答 ＿＿＿＿＿＿＿＿

(4) ある商品を¥498,000で仕入れ，引取運賃¥13,500と運送保険料¥2,170を支払った。仕入原価はいくらか。

答 ＿＿＿＿＿＿＿＿

(5) ある商品を1kgにつき¥760で350kg仕入れ，仕入諸掛¥32,000を支払った。この商品の諸掛込原価はいくらか。

答 ＿＿＿＿＿＿＿＿

(6) 1パックにつき¥1,750の商品を560パック仕入れ，仕入諸掛¥42,950を支払った。諸掛込原価はいくらであったか。

答 ＿＿＿＿＿＿＿＿

第　学年　組　番	
名前	

	例1－3	例4－6	合計
例	／3	／3	／18
練	／6	／6	

例題・練習問題の復習④

【p.28　例題 (解答→ p.28)】

例7　仕入原価が¥24,000の商品に25%の利益を見込んで予定売価（定価）をつけた。利益額はいくらか。

答 ＿＿＿＿＿＿＿＿

例8　ある商品の利益額が¥5,600であり，これは仕入原価の3割5分にあたるという。仕入原価はいくらか。

答 ＿＿＿＿＿＿＿＿

例9　¥68,000で仕入れた商品に15%の利益を見込んで販売したい。予定売価（定価）をいくらにしたらよいか。

答 ＿＿＿＿＿＿＿＿

【p.29　練習問題 (解答→別冊解答 p.9 ～)】

(1) 仕入原価が¥150,000の商品に1割5分の利益を見込んで予定売価（定価）をつけた。利益額はいくらか。

答 ＿＿＿＿＿＿＿＿

(2) ある商品を¥246,000で仕入れ，仕入諸掛¥72,000を支払った。この商品に仕入原価の13%の利益を見込むと，利益額はいくらか。

答 ＿＿＿＿＿＿＿＿

(3) ある商品の利益額が¥19,500であり，これは仕入原価の2割6分にあたるという。仕入原価はいくらか。

答 ＿＿＿＿＿＿＿＿

(4) ある商品の原価に¥2,700の利益を見込んだところ，この利益が原価の15%にあたるという。この商品の原価はいくらか。

答 ＿＿＿＿＿＿＿＿

(5) ¥420,000で仕入れた商品に14%の利益を見込んで予定売価（定価）をつけた。予定売価（定価）はいくらか。

答 ＿＿＿＿＿＿＿＿

(6) 原価¥540,000の商品に原価の25%の利益を見込んで予定売価（定価）をつけた。予定売価（定価）はいくらか。

答 ＿＿＿＿＿＿＿＿

【p.30　例題 (解答→ p.30)】

例10　仕入原価￥240,000の商品に￥288,000の予定売価（定価）をつけた。利益額は仕入原価の何パーセントか。

答 ＿＿＿＿＿＿＿＿

例11　ある商品に原価の25%の利益を見込んで￥504,000の予定売価（定価）をつけた。原価はいくらか。

答 ＿＿＿＿＿＿＿＿

例12　1mにつき￥2,600の商品を370m仕入れ，仕入諸掛￥61,800を支払った。この商品に諸掛込原価の15%の利益を見込んで価格をつけ，価格どおりに販売した。実売価の総額はいくらか。

答 ＿＿＿＿＿＿＿＿

【p.31　練習問題 (解答→別冊解答 p.10～)】

(1) 原価￥650,000の商品に￥80,600の利益を見込んだ。利益額は原価の何パーセントにあたるか。パーセントの小数第1位まで求めよ。

答 ＿＿＿＿＿＿＿＿

(2) 原価￥163,000の商品に￥203,000の予定売価（定価）をつけた。利益額は原価の何パーセントか。（パーセントの小数第1位未満4捨5入）

答 ＿＿＿＿＿＿＿＿

(3) ある商品を￥820,000で仕入れ，￥80,000の仕入諸掛を支払った。この商品に￥127,800の利益を見込んで販売するとき，利益額は仕入原価の何パーセントにあたるか。パーセントの小数第1位まで求めよ。

答 ＿＿＿＿＿＿＿＿

(4) ある商品に原価の1割4分の利益を見込んで￥353,400の予定売価（定価）をつけた。原価はいくらか。

答 ＿＿＿＿＿＿＿＿

(5) 1ダースにつき￥2,400の商品を13ダース仕入れ，仕入諸掛￥2,500を支払った。この商品を諸掛込原価の20%の利益を見込んで販売すると，実売価の総額はいくらか。

答 ＿＿＿＿＿＿＿＿

第　学年　組　番	
名前	

	例7－9	例10－12	合計
例	/3	/3	/17
練	/6	/5	

例題・練習問題の復習⑤

【p.32　例題 (解答→ p.32)】

例13 予定売価（定価）¥759,000 の商品を 23% 値引きすると，値引額はいくらになるか。

答 ＿＿＿＿＿＿＿＿

例14 予定売価（定価）から 18% 引きして販売したところ，値引額が ¥45,000 になった。予定売価（定価）はいくらか。

答 ＿＿＿＿＿＿＿＿

例15 予定売価（定価）¥380,000 の商品を ¥60,800 値引きして販売した。値引額は予定売価（定価）の何パーセントか。

答 ＿＿＿＿＿＿＿＿

例16 予定売価（定価）¥275,000 の商品を ¥217,250 で販売した。値引額は予定売価（定価）の何パーセントか。

答 ＿＿＿＿＿＿＿＿

【p.33　練習問題 (解答→別冊解答 p.10 ～)】

(1) 予定売価（定価）¥280,000 の商品を 31% 値引きすると，値引額はいくらになるか。

答 ＿＿＿＿＿＿＿＿

(2) 予定売価（定価）¥350,000 の商品を 2 割 5 分値引きすると，値引額はいくらになるか。

答 ＿＿＿＿＿＿＿＿

(3) 予定売価（定価）から 11% 引きして販売したところ，値引額が ¥84,700 になった。予定売価（定価）はいくらか。

答 ＿＿＿＿＿＿＿＿

(4) 予定売価（定価）¥266,000 の商品を ¥37,240 値引きして販売した。値引額は予定売価（定価）の何パーセントか。

答 ＿＿＿＿＿＿＿＿

(5) 予定売価（定価）¥150,000 の商品を ¥115,500 で販売した。値引額は予定売価（定価）の何パーセントになるか。

答 ＿＿＿＿＿＿＿＿

【p.34　例題 (解答→ p.34)】

例17 予定売価（定価）¥630,000 の商品を，予定売価（定価）の 7% 値引きで販売した。実売価はいくらか。

答 ＿＿＿＿＿＿＿＿

例18 予定売価（定価）¥470,000 の商品を 6 掛で販売した。実売価はいくらか。

答 ＿＿＿＿＿＿＿＿

例19 予定売価（定価）の 8 掛半で販売したところ，実売価が ¥157,250 になった。予定売価（定価）はいくらであったか。

答 ＿＿＿＿＿＿＿＿

例20 予定売価（定価）から 12% 値引きして販売したところ，実売価が ¥396,000 になった。予定売価（定価）はいくらか。

答 ＿＿＿＿＿＿＿＿

【p.35　練習問題（解答→別冊解答 p.10 ～）**】**

(1) 予定売価（定価）¥350,000 の商品を，予定売価（定価）の 18% 値引きで販売した。実売価はいくらか。

答 ＿＿＿＿＿＿＿＿

(2) 予定売価（定価）¥420,000 の商品を 2 割 4 分値引きして販売した。実売価はいくらか。

答 ＿＿＿＿＿＿＿＿

(3) 予定売価（定価）¥137,000 の商品を 8 掛で販売した。実売価はいくらか。

答 ＿＿＿＿＿＿＿＿

(4) 予定売価（定価）¥790,000 の商品を 7 掛半で販売した。実売価はいくらか。

答 ＿＿＿＿＿＿＿＿

(5) 予定売価（定価）の 6 掛半で販売したところ，実売価が¥108,550 になった。予定売価（定価）はいくらであったか。

答 ＿＿＿＿＿＿＿＿

(6) 予定売価（定価）の 70% で販売したところ，実売価が¥196,000 になった。予定売価（定価）はいくらであったか。

答 ＿＿＿＿＿＿＿＿

(7) 予定売価（定価）から 8% 値引きして販売したところ，実売価が ¥83,720 になった。予定売価（定価）はいくらか。

答 ＿＿＿＿＿＿＿＿

(8) 予定売価（定価）から 3 割 5 分値引きして販売したところ，実売価が ¥8,450 になった。予定売価（定価）はいくらか。

答 ＿＿＿＿＿＿＿＿

第　学年　組　番	
名前	

	例 13 － 16	例 17 － 20	合計
例	／4	／4	／21
練	／5	／8	

例題・練習問題の復習⑥

4. 利息の計算（p.36 ～）

【p.36　例題（解答→ p.36）**】**

例 1　8 月 3 日から 10 月 18 日までは何日間か。（片落とし）

答 ＿＿＿＿＿＿＿＿

例 2　2 月 3 日から 5 月 15 日までは何日間か。（うるう年，両端入れ）

答 ＿＿＿＿＿＿＿＿

【p.37　練習問題（解答→別冊解答 p.11 ～）**】**

(1) 3 月 5 日から 7 月 20 日までは何日間か。（片落とし）

答 ＿＿＿＿＿＿＿＿

(2) 4 月 5 日から 6 月 17 日までは何日間か。（片落とし）

答 ＿＿＿＿＿＿＿＿

(3) 5 月 3 日から 8 月 24 日までは何日間か。（両端入れ）

答 ＿＿＿＿＿＿＿＿

(4) 2 月 4 日から 4 月 11 日までは何日間か。（平年，片落とし）

答 ＿＿＿＿＿＿＿＿

(5) 2 月 14 日から 5 月 6 日までは何日間か。（うるう年，両端入れ）

答 ＿＿＿＿＿＿＿＿

(6) 12 月 26 日から 3 月 7 日までは何日間か。（平年，両端入れ）

答 ＿＿＿＿＿＿＿＿

(7) 11 月 14 日から 3 月 14 日までは何日間か。（うるう年，片落とし）

答 ＿＿＿＿＿＿＿＿

【p.38　例題（解答→ p.38）**】**

例 3　元金 ¥750,000 を年利率 3%で 4 年間借りると，利息はいくらか。

答 ＿＿＿＿＿＿＿＿

例 4　元金 ¥680,000 を年利率 2%で 8 か月間借り入れると，元利合計はいくらか。
（円未満切り捨て）

答 ＿＿＿＿＿＿＿＿

【p.39　練習問題（解答→別冊解答 p.12 ～）**】**

(1) 元金 ¥560,000 を年利率 4%で 3 年間借りると，利息はいくらか。

答 ＿＿＿＿＿＿＿＿

(2) 元金 ¥370,000 を年利率 2%で 120 日間貸し付けると，利息はいくらか。
（円未満切り捨て）

答 ＿＿＿＿＿＿＿＿

(3) 元金¥600,000を年利率5%で7か月間借り入れると，利息はいくらか。

答 ＿＿＿＿＿＿＿＿

(4) 元金¥360,000を年利率3%で1年3か月間貸し付けると，利息はいくらか。

答 ＿＿＿＿＿＿＿＿

(5) 元金¥40,000を年利率6%で5か月間貸し付けた。期日に受け取る利息はいくらか。

答 ＿＿＿＿＿＿＿＿

(6) 元金¥730,000を年利率2.3%で4月5日から6月12日まで借り入れた。利息はいくらか。（片落とし）

答 ＿＿＿＿＿＿＿＿

(7) 元金¥650,000を年利率3%で45日間貸し付けると，元利合計はいくらか。（円未満切り捨て）

答 ＿＿＿＿＿＿＿＿

(8) 元金¥50,000を年利率1.5%で4か月間借りると，元利合計はいくらか。

答 ＿＿＿＿＿＿＿＿

(9) 元金¥240,000を年利率2.7%で3年間貸し付けると，元利合計はいくらか。

答 ＿＿＿＿＿＿＿＿

(10) 元金¥36,000を年利率1.5%で2年4か月間借り入れると，元利合計はいくらか。

答 ＿＿＿＿＿＿＿＿

(11) 元金¥480,000を年利率2%で2月6日から4月11日まで貸し付けると，元利合計はいくらか。（うるう年，片落とし，円未満切り捨て）

答 ＿＿＿＿＿＿＿＿

第　学年　組　番	
名前	

	例１－２	例３－４	合計
例	／2	／2	
練	／7	／11	／22

ビジネス計算実務検定試験　第３級の注意事項

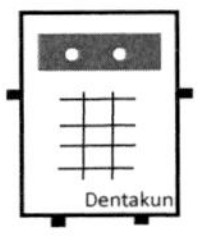

ここから先では，実際の試験と同じ形式の模擬試験問題や，最新の過去問題に挑戦してみよう！
その前に，いったん，試験を受けるうえでの注意事項や，気をつけたいポイントについて確認しておこう！

【試験を受けるうえでの基本的な注意事項】

1．計算用具はそろばん・電卓どちらを使用してもかまいません。ただし，計算用具などの物品の貸し借りはできないため，必要なものは忘れないように持っていきましょう。
2．普通計算部門では，そろばんの受験者は問題中の □ で示した部分のみ解答します。電卓の受験者はすべてに解答しましょう。
3．問題用紙の表紙と問題用紙の指定欄に試験場校名・受験番号を記入し，普通計算部門では，受験する計算用具に○印を記入しましょう。
4．試験委員の指示があるまでは，問題用紙を開かないようにしましょう。
5．試験は「始め」の合図で開始し，「止め」の合図があったら解答の記入を中止し，ただちに問題用紙を閉じましょう。
6．問題用紙等の回収については試験委員の指示にしたがいましょう。

【解答を記入するさいの注意事項】

1．答えに「¥，$，€，£」のような名数記号や，「％」などの記号がないものは誤答となります。
　ただし，減価償却計算表・年賦償還表・積立金表は「¥」の記号を必要としません（あってもよい）。
2．答えの整数部分には 3 桁ごとの「,」がついていなければ誤答となります（300000 →誤答　300,000 →正答）。
3．1 つの問題で 2 つ以上の答えを求めるものは，その全部が正答でなければ誤答となるので，注意しましょう。
4．答えが「$23.60」（€23.60　£23.60）のような場合，末尾の「０」がないものは誤答となるので注意しましょう。
　ただし，「$24.00」（€24.00　£24.00）のような場合は「$24」（€24　£24）でも正答となります。
　構成比率が「52.50％」のような場合，「52.5％」でも正答となります。また，「43.00％」のような場合，「43％」でも正答となります。
5．「パーセント」で表わす答えを「割・分・厘」や「小数」で表わした場合は誤答となります。
6．答えの訂正には消しゴムを使用することができます。消しゴムを使用しない場合は，記号と全数字を横線で消し，書きなおしていなければ誤答となります。また，この場合の 1 字訂正は認められないので注意しましょう。
7．数字や記号，コンマ，ポイントは，判読できるように記入しましょう。また，コンマとポイントの位置は，数字から極端に離れないように記入しましょう。

正　答	誤　答
¥52　（52円も可）	52¥，円52，¥52.0
$8.30	$8.3
€4.00（€4）	€4.0
円未満4捨5入，切り捨ての場合 ¥16,305	¥16,305.~~2~~ （2を消しゴムで消した場合は正答）
%の小数第1位までを求めるとき 82.0%	82.00%

【問題を解くうえでの注意事項】

1．普通計算部門では，計算を 1 つでも間違えると構成比率がすべてズレてしまいかねないので，注意して計算しましょう。特に，見取算では，電卓操作などのさいに問題から目を離し，次に計算する行を間違えてしまう可能性もあるので，計算している行を指さしするなど，行を間違えないように工夫しましょう。

2．ビジネス計算部門では，「両端入れ」「片落とし」「円未満切り捨て」「4 捨 5 入」など，問題文中の（　）の指示をよく確認しましょう。

MEMO

公益財団法人　全国商業高等学校協会主催

文　部　科　学　省　後　援

第1回　ビジネス計算実務検定模擬試験

第3級　普通計算部門 (制限時間A・B・C合わせて30分)

(A) 乗算問題

(注意) 円未満4捨5入，構成比率はパーセントの小数第2位未満4捨5入

1	¥ 68 × 2,756 =
2	¥ 924 × 1,580 =
3	¥ 52,063 × 0.089 =
4	¥ 149 × 37,804 =
5	¥ 71 × 632.25 =

答えの小計・合計	合計Aに対する構成比率	
小計(1)〜(3)	(1)	(1)〜(3)
	(2)	
	(3)	
小計(4)〜(5)	(4)	(4)〜(5)
	(5)	
合計A (1)〜(5)		

(注意) セント未満4捨5入，構成比率はパーセントの小数第2位未満4捨5入

6	€ 4.82 × 3.507 =
7	€ 32.94 × 86 =
8	€ 0.73 × 6,244.9 =
9	€ 175.27 × 0.592 =
10	€ 28.15 × 9,361 =

答えの小計・合計	合計Bに対する構成比率	
小計(6)〜(8)	(6)	(6)〜(8)
	(7)	
	(8)	
小計(9)〜(10)	(9)	(9)〜(10)
	(10)	
合計B (6)〜(10)		

第　学年　組　番	
名前	

（B）除算問題

（注意）円未満4捨5入，構成比率はパーセントの小数第2位未満4捨5入

1	¥ 28,934 ÷ 74 =
2	¥ 9,642 ÷ 380 =
3	¥ 49,006 ÷ 69.1 =
4	¥ 813,375 ÷ 1,205 =
5	¥ 4,170 ÷ 0.59 =

答えの小計・合計	合計Cに対する構成比率	
小計(1)〜(3)	(1)	(1)〜(3)
	(2)	
	(3)	
小計(4)〜(5)	(4)	(4)〜(5)
	(5)	
合計C(1)〜(5)		

（注意）セント未満4捨5入，構成比率はパーセントの小数第2位未満4捨5入

6	$ 190.52 ÷ 37 =
7	$ 998.84 ÷ 20.71 =
8	$ 56,461.28 ÷ 7,963 =
9	$ 4.72 ÷ 0.141 =
10	$ 76.18 ÷ 6.5 =

答えの小計・合計	合計Dに対する構成比率	
小計(6)〜(8)	(6)	(6)〜(8)
	(7)	
	(8)	
小計(9)〜(10)	(9)	(9)〜(10)
	(10)	
合計D(6)〜(10)		

	そろばん
	電　卓

第　学年　組　番	
名前	

（解答→別冊 p.14）

		A 乗算		B 除算		C 見取算		普通計算合計点
		正答数	得点	正答数	得点	正答数	得点	
珠算	(1)〜(10)	×10点		×10点		×10点		
電卓	(1)〜(10)	×5点		×5点		×5点		
	小計・合計・構成比率	×5点		×5点		×5点		

（第1回模擬試験）

第1回　ビジネス計算実務検定模擬試験

第3級　普通計算部門 (制限時間 A・B・C 合わせて 30 分)

(C) 見取算問題

(注意) 構成比率はパーセントの小数第2位未満4捨5入

No.	1	2	3	4	5
1	¥ 27,691	¥ 15,830	¥ 715	¥ 948	¥ 6,203
2	380,458	97,142	583	127	41,715
3	5,207	3,652	8,924	659	2,764,380
4	42,916	−6,401	601	710	852,048
5	106,735	−28,579	146	−574	962
6	3,084	1,873	5,498	−352	39,431
7	59,572	54,286	6,030	891	504
8	291,860	39,314	269	246	427,129
9	4,159	−12,067	4,787	458	857
10	67,963	−5,938	821	−187	15,686
11		8,795	1,365	−623	732
12			2,059	905	2,976
13			804	769	3,810,453
14			7,653	513	273,610
15			3,910	−486	594
16			9,475	−238	
17			232	−812	
18				398	
19				680	
20				171	
計					

答えの小計合計		
	小計(1)〜(3)	小計(4)〜(5)
	合計 E (1)〜(5)	

合計Eに対する構成比率					
	(1)	(2)	(3)	(4)	(5)
	(1)〜(3)			(4)〜(5)	

（注意）構成比率はパーセントの小数第2位未満4捨5入

No.	6	7	8	9	10
1	£ 9.45	£ 84.52	£ 3,408.64	£ 21.37	£ 467.19
2	531.76	40.31	72,153.82	6,104.95	52.30
3	78.08	25.65	−249.17	82.03	−83.76
4	64.32	39.04	570.53	457.16	−134.95
5	283.51	51.27	632.98	28,345.42	20.41
6	1,606.49	32.59	84,854.31	93.89	716.28
7	7.84	17.46	−7,291.75	506.58	65.34
8	20.79	63.10	−35,048.26	7,314.21	97.63
9	3,093.15	76.92	61,923.04	35,180.26	−841.02
10	5.97	24.85	715.49	39.74	70.87
11	2.63	95.38		62,768.60	253.09
12	54.20	50.41		243.14	−632.51
13		89.06		1,972.35	−46.73
14		48.23			18.90
15		16.54			385.42
計					

答えの小計合計	小計(6)～(8)	小計(9)～(10)
	合計F(6)～(10)	

合計Fに対する構成比率	(6)	(7)	(8)	(9)	(10)
	(6)～(8)			(9)～(10)	

第　学年　組　番	
名前	

	そろばん
	電　卓

(C) 見取算得点	総　得　点

第1回ビジネス計算実務検定模擬試験

第 3 級　ビジネス計算部門 （制限時間 30 分）

（注意）答えに端数が生じた場合は（　）内の条件によって処理すること。

(1) ¥620,000 の 81%はいくらか。

答 ____________________

(2) ¥4,284 は何ユーロ何セントか。ただし，€1 ＝ ¥125 とする。
（セント未満 4 捨 5 入）

答 ____________________

(3) 2,430ft は何メートルか。ただし，1ft ＝ 0.3048 m とする。
（メートル未満 4 捨 5 入）

答 ____________________

(4) ¥320,000 を年利率 2.4%で 47 日間借りると，期日に支払う利息はいくらか。
（円未満切り捨て）

答 ____________________

(5) 定価 ¥568,000 の商品を，定価の 7%引きで販売した。値引額はいくらであったか。

答 ____________________

(6) ＄86.50 は円でいくらか。ただし，＄1 ＝ ¥108 とする。

答 ____________________

(7) 1 枚につき ¥1,440 の商品を 450 枚仕入れ，仕入諸掛 ¥31,460 を支払った。諸掛込原価はいくらか。

答 ____________________

(8) 元金 ¥850,000 を年利率 1.6%で 6 か月間貸し付けると，期日に受け取る元利合計はいくらか。

答 ____________________

(9) 1 パックにつき ¥240 の商品を仕入れ，代価として ¥228,000 を支払った。仕入数量は何パックか。

答 ____________________

(10) ¥345,600 は ¥1,280,000 の何割何分か。

答 ____________________

(11) 34,200kgは何英トンか。ただし，1英トン＝1,016kgとする。
（英トン未満4捨5入）

答 ＿＿＿＿＿＿＿＿

(12) 元金¥450,000を年利率3.8%で87日間借り入れると，期日に支払う元利合計はいくらか。（円未満切り捨て）

答 ＿＿＿＿＿＿＿＿

(13) £78.65は円でいくらか。ただし，£1＝¥148とする。
（円未満4捨5入）

答 ＿＿＿＿＿＿＿＿

(14) 定価の8掛で販売したところ，売価が¥418,000になった。定価はいくらであったか。

答 ＿＿＿＿＿＿＿＿

(15) ある施設の先月の入館者数は420,000人で，今月の入館者数は先月の入館者数よりも14%減少した。今月の入館者数は何人であったか。

答 ＿＿＿＿＿＿＿＿

(16) 原価¥650,000の商品を販売し，利益額が¥156,000となった。利益額は原価の何パーセントであったか。

答 ＿＿＿＿＿＿＿＿

(17) ¥550,000の15%引きはいくらか。

答 ＿＿＿＿＿＿＿＿

(18) 146lbは何キログラムか。ただし，1lb＝0.4536kgとする。
（キログラム未満4捨5入）

答 ＿＿＿＿＿＿＿＿

(19) ¥960,000を年利率3%で6月23日から8月3日まで貸すと，期日に受け取る利息はいくらか。（片落とし，円未満切り捨て）

答 ＿＿＿＿＿＿＿＿

(20) 8袋につき¥7,300の商品を960袋仕入れた。この商品に仕入原価の28%の利益をみて全部販売すると，実売価の総額はいくらか。

答 ＿＿＿＿＿＿＿＿

第　学年　組　番	
名前	

正答数	総得点
×5点	

（第1回模擬試験）

公益財団法人　全国商業高等学校協会主催

文　部　科　学　省　後　援

第2回　ビジネス計算実務検定模擬試験

第3級　普通計算部門 (制限時間A・B・C合わせて30分)

(A) 乗算問題

(注意) 円未満4捨5入，構成比率はパーセントの小数第2位未満4捨5入

1	¥ 7,236 × 919.8 =
2	¥ 43 × 2,380 =
3	¥ 60,124 × 0.037 =
4	¥ 175 × 42.92 =
5	¥ 15,893 × 56 =

答えの小計・合計	合計Aに対する構成比率	
小計(1)〜(3)	(1)	(1)〜(3)
	(2)	
	(3)	
小計(4)〜(5)	(4)	(4)〜(5)
	(5)	
合計A(1)〜(5)		

(注意) セント未満4捨5入，構成比率はパーセントの小数第2位未満4捨5入

6	$ 0.29 × 318.65 =
7	$ 972.03 × 842 =
8	$ 81.77 × 9.64 =
9	$ 2.75 × 1,109 =
10	$ 41.88 × 36 =

答えの小計・合計	合計Bに対する構成比率	
小計(6)〜(8)	(6)	(6)〜(8)
	(7)	
	(8)	
小計(9)〜(10)	(9)	(9)〜(10)
	(10)	
合計B(6)〜(10)		

第　学年　組　番	
名前	

（B）除算問題

（注意）円未満４捨５入，構成比率はパーセントの小数第２位未満４捨５入

1	¥ 7,919 ÷ 84.46 =
2	¥ 50,547 ÷ 63 =
3	¥ 962 ÷ 21.5 =
4	¥ 5,730 ÷ 0.64 =
5	¥ 370,636 ÷ 1,708 =

答えの小計・合計	合計Ｃに対する構成比率	
小計(1)〜(3)	(1)	(1)〜(3)
	(2)	
	(3)	
小計(4)〜(5)	(4)	(4)〜(5)
	(5)	
合計Ｃ(1)〜(5)		

（注意）ペンス未満４捨５入，構成比率はパーセントの小数第２位未満４捨５入

6	£ 705.60 ÷ 916 =
7	£ 1,292.38 ÷ 43.5 =
8	£ 101,089.80 ÷ 8,023 =
9	£ 3.79 ÷ 62.8 =
10	£ 50.41 ÷ 0.74 =

答えの小計・合計	合計Ｄに対する構成比率	
小計(6)〜(8)	(6)	(6)〜(8)
	(7)	
	(8)	
小計(9)〜(10)	(9)	(9)〜(10)
	(10)	
合計Ｄ(6)〜(10)		

	そろばん
	電　卓

第　学年　組　番	
名前	

（解答→別冊 p.18）

		A 乗算		B 除算		C 見取算		普通計算合計点
		正答数	得点	正答数	得点	正答数	得点	
珠算	(1)〜(10)	×10点		×10点		×10点		
電卓	(1)〜(10)	×5点		×5点		×5点		
	小計・合計・構成比率	×5点		×5点		×5点		

（第２回模擬試験）

第2回　ビジネス計算実務検定模擬試験

第3級　普通計算部門 (制限時間A・B・C合わせて30分)

(C) 見取算問題

(注意) 構成比率はパーセントの小数第2位未満4捨5入

No.	1	2	3	4	5
1	¥ 315	¥ 613,428	¥ 9,579	¥ 864	¥ 951
2	798	271,369	80,213	3,709	81,579
3	254	184,905	−21,360	82,326	−14,013
4	1,943	420,321	6,294	948	6,985
5	28,502	936,174	−14,601	705,653	−704
6	127	765,087	59,425	2,031,382	30,326
7	671	392,543	−3,168	49,160	832
8	5,230	843,712	−42,732	14,245	−3,468
9	469	509,650	−7,096	894	−293
10	935	137,236	38,917	563,529	57,140
11	40,846		5,963	9,127,017	2,619
12	716			351	−432
13	308			2,490	527
14	2,421			476,535	
15	982			786	
16	35,034				
17	853				
18	6,570				
19	139				
20	268				
計					

答えの小計合計		
小計(1)〜(3)		小計(4)〜(5)
合計E(1)〜(5)		

合計Eに対する構成比率				
(1)	(2)	(3)	(4)	(5)
(1)〜(3)			(4)〜(5)	

（注意）構成比率はパーセントの小数第２位未満４捨５入

No.	6	7	8	9	10
1	€ 37,641.03	€ 953.46	€ 512.90	€ 4,508.57	€ 23.70
2	59.34	72.13	238.26	693.32	683.58
3	3,910.62	16,845.30	951.47	−814.95	2,490.16
4	78.95	−8,214.92	183.64	720.46	32.79
5	67.80	−176.58	426.85	3,256.23	781.95
6	742.64	30.69	849.02	489.60	4,056.24
7	5,176.21	25,321.74	704.13	531.84	49.43
8	98.47	68.27	670.51	−2,042.34	315.02
9	80.56	−5.07	315.27	975.01	25.61
10	1,635.73	747.81	493.48	6,367.28	1,654.97
11	41.28		208.79	−136.79	3,108.31
12	69.05		154.30	−5,904.92	
13	28,503.85			268.15	
14	423.19				
15					
計					

答えの小計合計		
	小計(6)〜(8)	小計(9)〜(10)
	合計Ｆ(6)〜(10)	

合計Ｆに対する構成比率					
	(6)	(7)	(8)	(9)	(10)
	(6)〜(8)			(9)〜(10)	

第　学年　組　番	
名前	

	そろばん
	電　卓

（C）見取算得点

総　得　点

第2回ビジネス計算実務検定模擬試験

第 3 級　ビジネス計算部門 (制限時間 30 分)

(注意) 答えに端数が生じた場合は (　) 内の条件によって処理すること。

(1) ＄46.20 は円でいくらか。ただし，＄1 = ¥114 とする。
(円未満 4 捨 5 入)

答 ＿＿＿＿＿＿＿＿

(2) 143kg は何ポンドか。ただし，1lb = 0.4536kg とする。
(ポンド未満 4 捨 5 入)

答 ＿＿＿＿＿＿＿＿

(3) ¥570,000 の 73%はいくらか。

答 ＿＿＿＿＿＿＿＿

(4) 定価 ¥340,000 の商品を ¥61,200 値引きして販売した。
値引額は定価の何パーセントか。

答 ＿＿＿＿＿＿＿＿

(5) ¥840,000 を年利率 3.6%で 8 か月貸し付けると，期日に受け取る元利合計はいくらか。

答 ＿＿＿＿＿＿＿＿

(6) ¥8,423 は何ポンド何ペンスか。ただし，£1 = ¥143 とする。
(ペンス未満 4 捨 5 入)

答 ＿＿＿＿＿＿＿＿

(7) 1 袋につき ¥2,360 の商品を 310 袋仕入れ，仕入諸掛 ¥26,700 を支払った。諸掛込原価はいくらか。

答 ＿＿＿＿＿＿＿＿

(8) ¥731,600 は ¥590,000 の何割何分増しか。

答 ＿＿＿＿＿＿＿＿

(9) 元金 ¥870,000 を年利率 1.4%で 91 日間借りると，期日に支払う利息はいくらか。
(円未満切り捨て)

答 ＿＿＿＿＿＿＿＿

(10) 1 本につき ¥260 の商品を仕入れ，代価 ¥25,740 を支払った。仕入数量は何本か。

答 ＿＿＿＿＿＿＿＿

(11) 元金¥350,000を年利率4%で9月8日から11月16日まで貸すと，期日に受け取る利息はいくらか。（片落とし，円未満切り捨て）

答 ________________

(12) ¥970,000の24%引きはいくらか。

答 ________________

(13) 原価の28%の利益を見込んで¥729,600の定価をつけた。この商品の原価はいくらか。

答 ________________

(14) 348Lは何米ガロンか。ただし，1米ガロン＝3.785Lとする。
（米ガロン未満4捨5入）

答 ________________

(15) €43.12は円でいくらか。ただし，€1＝¥126とする。
（円未満4捨5入）

答 ________________

(16) ある駅の今月の乗降者数は193,800人で，先月より14%増加した。先月の乗降者数は何人であったか。

答 ________________

(17) 定価¥142,000の商品を定価の8掛で販売した。売価はいくらか。

答 ________________

(18) 356ydは何メートルか。ただし，1yd＝0.9144mとする。
（メートル未満4捨5入）

答 ________________

(19) ¥780,000を年利率1.6%で72日間借り入れると，支払う元利合計はいくらか。
（円未満切り捨て）

答 ________________

(20) 5ダースにつき¥6,200の商品を230ダース仕入れ，仕入原価の45%の利益をみて全額販売した。利益の総額はいくらか。

答 ________________

第　学年　　組　　番	
名前	

正答数	総得点
×5点	

（第2回模擬試験）

公益財団法人　全国商業高等学校協会主催

文　部　科　学　省　後　援

第3回　ビジネス計算実務検定模擬試験

第３級　普 通 計 算 部 門 （制限時間 A・B・C 合わせて 30 分）

（A）乗 算 問 題

（注意）円未満４捨５入，構成比率はパーセントの小数第２位未満４捨５入

1	¥ 59 × 2,836 =
2	¥ 173 × 24.9 =
3	¥ 8,402 × 351.7 =
4	¥ 965 × 70,284 =
5	¥ 62,450 × 0.046 =

答えの小計・合計	合計 A に対する構成比率	
小計(1)～(3)	(1)	(1)～(3)
	(2)	
	(3)	
小計(4)～(5)	(4)	(4)～(5)
	(5)	
合計 A (1)～(5)		

（注意）ペンス未満４捨５入，構成比率はパーセントの小数第２位未満４捨５入

6	£ 141.77 × 96 =
7	£ 270.84 × 0.53 =
8	£ 15.59 × 641 =
9	£ 0.081 × 50.29 =
10	£ 2,472.15 × 3.02 =

答えの小計・合計	合計 B に対する構成比率	
小計(6)～(8)	(6)	(6)～(8)
	(7)	
	(8)	
小計(9)～(10)	(9)	(9)～(10)
	(10)	
合計 B (6)～(10)		

第　学年　組　番	
名前	

（B）除算問題

（注意）円未満4捨5入，構成比率はパーセントの小数第2位未満4捨5入

1	¥ 1,420,720 ÷ 280 =
2	¥ 98 ÷ 1.49 =
3	¥ 170 ÷ 0.91 =
4	¥ 28,386 ÷ 57 =
5	¥ 608,785 ÷ 653.2 =

答えの小計・合計	合計Cに対する構成比率	
小計(1)〜(3)	(1)	(1)〜(3)
	(2)	
	(3)	
小計(4)〜(5)	(4)	(4)〜(5)
	(5)	
合計C(1)〜(5)		

（注意）セント未満4捨5入，構成比率はパーセントの小数第2位未満4捨5入

6	€ 350.17 ÷ 86 =
7	€ 5,663.44 ÷ 72.1 =
8	€ 849.08 ÷ 605 =
9	€ 16,957.75 ÷ 2,339 =
10	€ 4.62 ÷ 0.0518 =

答えの小計・合計	合計Dに対する構成比率	
小計(6)〜(8)	(6)	(6)〜(8)
	(7)	
	(8)	
小計(9)〜(10)	(9)	(9)〜(10)
	(10)	
合計D(6)〜(10)		

	そろばん
	電　卓

第　学年　組　番	
名前	

（解答→別冊 p.22）

		A 乗算		B 除算		C 見取算		普通計算合計点
		正答数	得点	正答数	得点	正答数	得点	
珠算	(1)〜(10)	×10点		×10点		×10点		
電卓	(1)〜(10)	×5点		×5点		×5点		
	小計・合計・構成比率	×5点		×5点		×5点		

（第3回模擬試験）

第3回　ビジネス計算実務検定模擬試験

第３級　普通計算部門 （制限時間Ａ・Ｂ・Ｃ合わせて30分）

(C) 見取算問題

（注意）構成比率はパーセントの小数第２位未満４捨５入

No.	1	2	3	4	5
1	¥ 721	¥ 29,489	¥ 326,057	¥ 6,435	¥ 861
2	414	76,132	41,793	276	4,907,254
3	4,269	−13,845	89,682	−3,141	596,318
4	2,530	35,296	2,046	9,620	407
5	370	−24,307	75,269	−359	81,593
6	897	80,671	434,871	−1,082	162,720
7	9,645	−53,458	650,951	598	459
8	182	−47,923	7,534	743	4,632
9	6,548	−12,014	6,408	−4,272	729,145
10	3,913	61,890	91,375	−815	971
11	756	98,742		−2,954	8,016
12	8,202			5,281	2,615,364
13	5,379			436	723
14	7,935			8,607	352,850
15	504			−7,159	1,268
16	1,828			−673	
17	461			548	
18	2,097				
19	183				
20	620				
計					

答えの小計合計		
	小計(1)〜(3)	小計(4)〜(5)
	合計Ｅ(1)〜(5)	

合計Ｅに対する構成比率					
	(1)	(2)	(3)	(4)	(5)
	(1)〜(3)			(4)〜(5)	

（注意）構成比率はパーセントの小数第2位未満4捨5入

No.	6	7	8	9	10
1	$ 81.23	$ 5,283.70	$ 47.61	$ 625.93	$ 2,950.48
2	48.36	641.28	82.35	9.68	65,317.61
3	715.54	807.83	63.07	57.14	−254.35
4	25,069.70	2,192.01	−25.42	38.03	408.72
5	4,320.31	735.34	−51.74	412.79	89,646.19
6	54.17	618.15	90.26	2,063.56	−7,123.57
7	78.52	3,520.69	34.59	5.30	−30,581.42
8	36.81	173.72	78.60	24.54	14,739.06
9	121.65	964.97	19.83	3,781.92	872.94
10	45.09	1,871.56	−47.17	4.87	165.23
11	202.98	239.84	−60.98	6.25	
12	6,670.23	417.08	−32.04	72.41	
13	34.50	6,952.42	84.72		
14	38,915.16		51.39		
15			28.60		
計					

答えの小計合計		
	小計(6)〜(8)	小計(9)〜(10)
	合計 F (6)〜(10)	

合計Fに対する構成比率					
	(6)	(7)	(8)	(9)	(10)
	(6)〜(8)			(9)〜(10)	

第　学年　組　番	
名前	

	そろばん
	電　卓

（C）見取算得点

総　得　点

第3回ビジネス計算実務検定模擬試験

第 3 級　ビジネス計算部門（制限時間 30 分）

（注意）答えに端数が生じた場合は（　）内の条件によって処理すること。

(1) ¥590,000 の 74%はいくらか。

答 ＿＿＿＿＿＿＿

(2) ¥5,973 は何ユーロ何セントか。ただし，€1 = ¥125 とする。
（セント未満4捨5入）

答 ＿＿＿＿＿＿＿

(3) 195 米ガロンは何リットルか。ただし，1 米ガロン = 3.785L とする。
（リットル未満4捨5入）

答 ＿＿＿＿＿＿＿

(4) 元金 ¥250,000 を年利率 3.9%で 57 日間借り入れると，期日に支払う元利合計はいくらか。（円未満切り捨て）

答 ＿＿＿＿＿＿＿

(5) 1 枚につき ¥1,730 の商品を仕入れ，代価 ¥147,050 を支払った。仕入数量は何枚か。

答 ＿＿＿＿＿＿＿

(6) £94.50 は円でいくらか。ただし，£1 = ¥148 とする。

答 ＿＿＿＿＿＿＿

(7) 定価の 2 割引きで販売したところ，売価が ¥464,000 になった。定価はいくらであったか。

答 ＿＿＿＿＿＿＿

(8) 64,000kg は何米トンか。ただし，1 米トン = 907.2kg とする。
（米トン未満4捨5入）

答 ＿＿＿＿＿＿＿

(9) 1 パックにつき ¥350 の商品を 390 パック仕入れ，仕入諸掛 ¥25,600 を支払った。諸掛込原価はいくらか。

答 ＿＿＿＿＿＿＿

(10) ¥260,000 を年利率 2.3%で 54 日間貸し付けると，期日に受け取る利息はいくらか。（円未満切り捨て）

答 ＿＿＿＿＿＿＿

(11) ¥438,900は¥285,000の何割何分増しか。

答 ______________________

(12) 元金¥540,000を年利率3.7%で8か月間借り入れると，期日に支払う利息はいくらか。

答 ______________________

(13) €56.18は円でいくらか。ただし，€1＝¥135とする。
（円未満4捨5入）

答 ______________________

(14) 原価¥240,000の商品を販売したところ，利益額が¥98,400となった。利益額は原価の何パーセントか。

答 ______________________

(15) ある施設の先月の入館者数は18,000人で，今月の入館者数は先月の入館者数よりも23%減少した。今月の入館者数は何人であったか。

答 ______________________

(16) ¥965,000の34%増しはいくらか。

答 ______________________

(17) ¥547,500を年利率2%で8月3日から10月21日まで貸すと，期日に受け取る利息はいくらか。（片落とし）

答 ______________________

(18) 定価¥210,000の商品を，定価から14%値引きして販売した。売価はいくらか。

答 ______________________

(19) 420 mは何フィートか。ただし，1ft＝0.3048 mとする。
（フィート未満4捨5入）

答 ______________________

(20) 8個につき¥650の商品を9,600個仕入れ，仕入原価の12%の利益をみて全部販売した。総売上高はいくらか。

答 ______________________

第　学年　　組　　番	
名前	

正答数	総得点
×5点	

（第3回模擬試験）

公益財団法人　全国商業高等学校協会主催

文　部　科　学　省　後　援

第4回　ビジネス計算実務検定模擬試験

第3級　普通計算部門 (制限時間 A・B・C 合わせて 30 分)

(A) 乗算問題

(注意) 円未満4捨5入，構成比率はパーセントの小数第2位未満4捨5入

1	¥ 372 × 5,146 =
2	¥ 294 × 87.25 =
3	¥ 69 × 4,301 =
4	¥ 7,038 × 252.4 =
5	¥ 95,143 × 36 =

答えの小計・合計	合計 A に対する構成比率	
小計(1)〜(3)	(1)	(1)〜(3)
	(2)	
	(3)	
小計(4)〜(5)	(4)	(4)〜(5)
	(5)	
合計 A (1)〜(5)		

(注意) セント未満4捨5入，構成比率はパーセントの小数第2位未満4捨5入

6	€ 0.88 × 10.59 =
7	€ 3.25 × 24,627 =
8	€ 41.79 × 83 =
9	€ 161.92 × 714 =
10	€ 94.28 × 5.63 =

答えの小計・合計	合計 B に対する構成比率	
小計(6)〜(8)	(6)	(6)〜(8)
	(7)	
	(8)	
小計(9)〜(10)	(9)	(9)〜(10)
	(10)	
合計 B (6)〜(10)		

第　学年　組　番	
名前	

（B）除算問題

（注意）円未満4捨5入，構成比率はパーセントの小数第2位未満4捨5入

1	¥　55,439 ÷ 868.7 =
2	¥　41,610 ÷ 570 =
3	¥　2,122,904 ÷ 9,352 =
4	¥　1,856 ÷ 0.31 =
5	¥　938 ÷ 20.76 =

答えの小計・合計	合計Cに対する構成比率	
小計(1)〜(3)	(1)	(1)〜(3)
	(2)	
	(3)	
小計(4)〜(5)	(4)	(4)〜(5)
	(5)	
合計C(1)〜(5)		

（注意）セント未満4捨5入，構成比率はパーセントの小数第2位未満4捨5入

6	$　61,827.23 ÷ 1,490 =
7	$　1,363.50 ÷ 45 =
8	$　787.56 ÷ 80.2 =
9	$　5,244.11 ÷ 67.9 =
10	$　274.92 ÷ 348 =

答えの小計・合計	合計Dに対する構成比率	
小計(6)〜(8)	(6)	(6)〜(8)
	(7)	
	(8)	
小計(9)〜(10)	(9)	(9)〜(10)
	(10)	
合計D(6)〜(10)		

	そろばん
	電　卓

第　学年　組　番	
名前	

（解答→別冊 p.26）

		A 乗算		B 除算		C 見取算		普通計算合計点
		正答数	得点	正答数	得点	正答数	得点	
珠算	(1)〜(10)	×10点		×10点		×10点		
電卓	(1)〜(10)	×5点		×5点		×5点		
	小計・合計・構成比率	×5点		×5点		×5点		

（第4回模擬試験）

第4回　ビジネス計算実務検定模擬試験

第3級　普通計算部門 (制限時間A・B・C合わせて30分)

(C) 見取算問題

(注意) 構成比率はパーセントの小数第2位未満4捨5入

No.	1	2	3	4	5
1	¥ 2,653	¥ 8,569	¥ 481	¥ 746	¥ 90,832
2	59,104	424	165	1,628	3,675
3	13,298	1,270,738	972	2,401	401
4	7,043	90,605	838	830	76,280
5	28,736	621,949	−216	153	−291
6	2,971	287	−640	3,049	−43,720
7	1,680	84,156	753	8,532	658
8	46,375	3,045,210	129	296	5,204
9	3,812	1,721	364	2,384	86,192
10	30,427	269,473	−805	6,160	−4,050
11	16,509		−491	5,871	−396
12			967	407	−21,735
13			623	1,735	974
14			582	612	685
15			235	4,323	148,308
16			−537	958	5,236
17			−174	3,214	
18			−928	2,069	
19			340		
20			716		
計					

答えの小計合計		
	小計(1)〜(3)	小計(4)〜(5)
	合計E(1)〜(5)	

合計Eに対する構成比率					
	(1)	(2)	(3)	(4)	(5)
	(1)〜(3)			(4)〜(5)	

（注意）構成比率はパーセントの小数第2位未満4捨5入

No.	6	7	8	9	10
1	£ 90.84	£ 1,862.09	£ 63.57	£ 829.73	£ 4,193.25
2	625.15	65,076.43	80.24	5,091.26	76.18
3	38.42	−451.85	41.35	−763.14	36,257.60
4	6.51	734.62	32.61	648.35	8,543.93
5	209.27	520.31	57.96	3,957.40	260.52
6	2,584.03	89,103.28	94.50	207.52	18.36
7	12.58	−7,246.59	23.42	−4,186.97	75.04
8	3.93	−31,695.70	18.17	319.05	2,904.73
9	5.70	90,329.14	36.06	2,434.81	39.28
10	3,726.35	487.92	70.28	−570.63	42.87
11	7.19		65.73	−1,845.39	681.43
12	42.64		26.84	293.28	28.15
13			59.49	485.94	47.06
14			12.01		27,805.69
15			64.32		
計					

答えの小計合計		
	小計(6)〜(8)	小計(9)〜(10)
	合計F(6)〜(10)	

合計Fに対する構成比率					
	(6)	(7)	(8)	(9)	(10)
	(6)〜(8)			(9)〜(10)	

第　学年　組　番	
名前	

	そろばん
	電　卓

（C）見取算得点

総　得　点

第4回ビジネス計算実務検定模擬試験

第 3 級　ビジネス計算部門（制限時間 30 分）

（注意）答えに端数が生じた場合は（　）内の条件によって処理すること。

(1) 613 mは何ヤードか。ただし，1yd = 0.9144 mとする。
（ヤード未満4捨5入）

答 ＿＿＿＿＿＿＿＿

(2) ¥380,000 の 73%はいくらか。

答 ＿＿＿＿＿＿＿＿

(3) €102.30 は円でいくらか。ただし，€1 = ¥131 とする。
（円未満4捨5入）

答 ＿＿＿＿＿＿＿＿

(4) 定価 ¥820,000 の商品を ¥164,000 値引きして販売した。値引額は，定価の何パーセントか。

答 ＿＿＿＿＿＿＿＿

(5) 元金 ¥960,000 を年利率 2.3%で 4 か月間借り入れると，期日に支払う利息はいくらか。

答 ＿＿＿＿＿＿＿＿

(6) 1 個につき ¥560 の商品を仕入れ，代価 ¥537,600 を支払った。仕入数量は何個であったか。

答 ＿＿＿＿＿＿＿＿

(7) ¥410,000 の 47%引きはいくらか。

答 ＿＿＿＿＿＿＿＿

(8) ¥9,260 は何ドル何セントか。ただし，$1 = ¥113 とする。
（セント未満4捨5入）

答 ＿＿＿＿＿＿＿＿

(9) ¥870,000 を年利率 2.9%で 71 日間貸し付けると，期日に受け取る元利合計はいくらか。（円未満切り捨て）

答 ＿＿＿＿＿＿＿＿

(10) 1 袋につき ¥2,360 の商品を 340 袋仕入れ，仕入諸掛 ¥39,200 を支払った。諸掛込原価はいくらか。

答 ＿＿＿＿＿＿＿＿

(11) ￥6,579は何ポンド何ペンスか。ただし，£1 = ￥142とする。
（ペンス未満4捨5入）

答 ______________

(12) 原価￥250,000の商品に，原価の1割2分の利益をみて販売した。利益額はいくらか。

答 ______________

(13) ある試合の今年度の観客数は104,400人で，昨年度より16%増加した。昨年度の観客数は何人であったか。

答 ______________

(14) ￥990,000を年利率3.7%で95日間貸すと，期日に受け取る利息はいくらか。
（円未満切り捨て）

答 ______________

(15) 52米ガロンは何リットルか。ただし，1米ガロン = 3.785Lとする。
（リットル未満4捨5入）

答 ______________

(16) 元金￥780,000を年利率5%で5月26日から7月23日まで借りると，期日に支払う元利合計はいくらか。（片落とし，円未満切り捨て）

答 ______________

(17) ￥615,600は￥540,000の何割何分増しか。

答 ______________

(18) ある商品を定価の7掛で販売したところ，売価が￥644,000になった。定価はいくらであったか。

答 ______________

(19) 43,900kgは何英トンか。ただし，1英トン = 1,016kgとする。
（英トン未満4捨5入）

答 ______________

(20) 10本につき￥7,700の商品を650本仕入れ，仕入原価の20%の利益をみて販売した。総売上高はいくらか。

答 ______________

第　学年　組　番	
名前	

正答数	総得点
×5点	

（第4回模擬試験）

公益財団法人　全国商業高等学校協会主催

文　部　科　学　省　後　援

第5回　ビジネス計算実務検定模擬試験

第3級　普通計算部門 (制限時間 A・B・C 合わせて30分)

(A) 乗算問題

(注意) 円未満4捨5入，構成比率はパーセントの小数第2位未満4捨5入

1	¥ 75 × 3,826.3 =
2	¥ 843 × 14.7 =
3	¥ 6,205 × 910 =
4	¥ 21,280 × 0.079 =
5	¥ 436 × 82,512 =

答えの小計・合計	合計 A に対する構成比率	
小計(1)〜(3)	(1)	(1)〜(3)
	(2)	
	(3)	
小計(4)〜(5)	(4)	(4)〜(5)
	(5)	
合計 A (1)〜(5)		

(注意) セント未満4捨5入，構成比率はパーセントの小数第2位未満4捨5入

6	$ 58.45 × 6,283 =
7	$ 46.51 × 88 =
8	$ 743.05 × 0.72 =
9	$ 2.09 × 18.7 =
10	$ 390.77 × 9.16 =

答えの小計・合計	合計 B に対する構成比率	
小計(6)〜(8)	(6)	(6)〜(8)
	(7)	
	(8)	
小計(9)〜(10)	(9)	(9)〜(10)
	(10)	
合計 B (6)〜(10)		

第　学年　組　番	
名前	

（B）除算問題

（注意）円未満4捨5入，構成比率はパーセントの小数第2位未満4捨5入

1	¥ 11,412 ÷ 36 =
2	¥ 87 ÷ 1.91 =
3	¥ 3,405 ÷ 40.74 =
4	¥ 61,649 ÷ 9.3 =
5	¥ 535,052 ÷ 2,758 =

答えの小計・合計	合計Cに対する構成比率	
小計(1)〜(3)	(1)	(1)〜(3)
	(2)	
	(3)	
小計(4)〜(5)	(4)	(4)〜(5)
	(5)	
合計C(1)〜(5)		

（注意）ペンス未満4捨5入，構成比率はパーセントの小数第2位未満4捨5入

6	£ 83.03 ÷ 97 =
7	£ 31,755.81 ÷ 5,069 =
8	£ 409.92 ÷ 640.5 =
9	£ 2.44 ÷ 0.0316 =
10	£ 1,737.26 ÷ 35.8 =

答えの小計・合計	合計Dに対する構成比率	
小計(6)〜(8)	(6)	(6)〜(8)
	(7)	
	(8)	
小計(9)〜(10)	(9)	(9)〜(10)
	(10)	
合計D(6)〜(10)		

	そろばん
	電　卓

第　学年　組　番

名前

（解答→別冊 p.30）

		A 乗算		B 除算		C 見取算		普通計算合計点
		正答数	得点	正答数	得点	正答数	得点	
珠算	(1)〜(10)	×10点		×10点		×10点		
電卓	(1)〜(10)	×5点		×5点		×5点		
	小計・合計・構成比率	×5点		×5点		×5点		

（第5回模擬試験）

第5回　ビジネス計算実務検定模擬試験

第3級　普通計算部門 (制限時間 A・B・C 合わせて 30 分)

(C) 見取算問題

(注意) 構成比率はパーセントの小数第2位未満4捨5入

No.	1	2	3	4	5
1	¥ 1,348	¥ 78,591	¥ 356	¥ 9,274	¥ 604
2	2,790	4,038	972	71,365	238
3	8,435	329,643	818,504	−15,829	892
4	6,231	−54,270	3,679	−2,013	38,157
5	5,903	−105,185	463	86,746	5,241
6	4,586	6,324	72,051	50,931	986
7	3,174	−47,869	810	7,458	320
8	7,057	282,932	398	−4,202	514
9	9,216	8,017	681	−23,590	2,763
10	2,623	95,706	9,547	69,184	435
11	5,842		248,235	3,036	59,289
12	1,905		61,092		172
13	3,480		5,476		846
14	4,127		154		3,508
15	6,759		960		950
16			26,783		16,723
17			4,548		4,017
18			609		482
19					796
20					531
計					

答えの小計合計		
	小計(1)〜(3)	小計(4)〜(5)
	合計 E (1)〜(5)	

合計Eに対する構成比率					
	(1)	(2)	(3)	(4)	(5)
	(1)〜(3)			(4)〜(5)	

(注意) 構成比率はパーセントの小数第2位未満4捨5入

No.	6	7	8	9	10
1	€ 85.73	€ 32.97	€ 3,641.12	€ 468.05	€ 7,083.69
2	23,796.84	468.51	71,058.90	72.68	3,154.23
3	630.12	90.69	−274.78	5,140.97	4,930.18
4	519.36	5.73	536.05	25.82	−2,827.52
5	2,041.05	687.16	802.36	51.43	−6,341.86
6	97.68	2,046.82	62,189.21	609.20	1,672.09
7	62.49	19.35	−5,927.54	37.54	8,215.48
8	403.17	1.04	−38,413.69	8,326.76	−5,493.61
9	51,286.93	3,575.29	95,268.47	84.09	−9,567.27
10	158.25	3.60	375.83	25.31	4,051.34
11	4.30	2.48		790.72	7,912.85
12	9.84	81.57		13.58	
13	71.61			452.14	
14	938.42				
15	2.75				
計					

答えの小計合計	小計(6)〜(8)	小計(9)〜(10)
	合計F(6)〜(10)	

合計Fに対する構成比率	(6)	(7)	(8)	(9)	(10)
	(6)〜(8)			(9)〜(10)	

第 学年 組 番
名前

	そろばん
	電 卓

(C) 見取算得点

総 得 点

第5回ビジネス計算実務検定模擬試験

第 3 級　ビジネス計算部門 (制限時間 30 分)

(注意) 答えに端数が生じた場合は (　) 内の条件によって処理すること。

(1) ¥790,000 の 61%はいくらか。

答 ＿＿＿＿＿＿＿＿

(2) 956 mは何フィートか。ただし，1ft = 0.3048 mとする。
(フィート未満4捨5入)

答 ＿＿＿＿＿＿＿＿

(3) $22.60 は円でいくらか。ただし，$1 = ¥115 とする。

答 ＿＿＿＿＿＿＿＿

(4) 元金¥510,000 を年利率2.3%で 72 日間貸し付けると，期日に受け取る元利合計はいくらか。(円未満切り捨て)

答 ＿＿＿＿＿＿＿＿

(5) 原価¥370,000 の商品を販売したところ，損失額が¥85,100 となった。損失額は原価の何パーセントか。

答 ＿＿＿＿＿＿＿＿

(6) 863yd は何メートルか。ただし，1yd = 0.9144 mとする。
(メートル未満4捨5入)

答 ＿＿＿＿＿＿＿＿

(7) ¥178,500 は¥510,000 の何割何分か。

答 ＿＿＿＿＿＿＿＿

(8) 1 束につき¥325 の商品を 780 束仕入れ，仕入諸掛¥31,700 を支払った。諸掛込原価はいくらか。

答 ＿＿＿＿＿＿＿＿

(9) ¥6,945 は何ユーロ何セントか。ただし，€1 = ¥117 とする。
(セント未満4捨5入)

答 ＿＿＿＿＿＿＿＿

(10) 元金¥420,000 を年利率2.3%で 72 日間借り入れると，期日に支払う利息はいくらか。(円未満切り捨て)

答 ＿＿＿＿＿＿＿＿

(11) €63.01 は円でいくらか。ただし，€1 = ¥143 とする。
(円未満4捨5入)

答 ＿＿＿＿＿＿＿＿

(12) 10 箱につき ¥3,700 の商品を仕入れ，代価 ¥159,100 を支払った。仕入数量は何箱か。

答 ＿＿＿＿＿＿＿＿

(13) ¥960,000 を年利率 1.4%で 7 か月間貸すと，受け取る利息はいくらか。

答 ＿＿＿＿＿＿＿＿

(14) 26 英ガロンは何リットルか。ただし，1 英ガロン = 4.546L とする。
(リットル未満4捨5入)

答 ＿＿＿＿＿＿＿＿

(15) 定価の 6 掛で販売したところ，売価が ¥504,000 になった。定価はいくらであったか。

答 ＿＿＿＿＿＿＿＿

(16) ¥570,000 を年利率 3%で 9 月 5 日から 11 月 29 日まで借りると，期日に支払う元利合計はいくらか。(片落とし，円未満切り捨て)

答 ＿＿＿＿＿＿＿＿

(17) 定価 ¥864,000 の商品を，定価の 24%引きで販売した。売価はいくらか。

答 ＿＿＿＿＿＿＿＿

(18) ある金額の 1 割 2 分増しが ¥604,800 であった。ある金額はいくらか。

答 ＿＿＿＿＿＿＿＿

(19) ある商品を 5 個につき ¥320 で仕入れ，代価 ¥48,000 を支払った。仕入数量は何個か

答 ＿＿＿＿＿＿＿＿

(20) ある学校の昨年度の部活動加入者数は 1,448 人で，今年度の部活動加入者数は昨年度より 25%減少した。今年度の部活動加入者数は何人であったか。

答 ＿＿＿＿＿＿＿＿

第　学年　組　番	
名前	

正答数	総得点
×5点	

(第 5 回模擬試験)

公益財団法人　全国商業高等学校協会主催

文部科学省後援

第6回　ビジネス計算実務検定模擬試験

第3級　普通計算部門　（制限時間 A・B・C 合わせて 30 分）

（A）乗算問題

（注意）円未満4捨5入，構成比率はパーセントの小数第2位未満4捨5入

1	¥ 4,538 × 6,120 =
2	¥ 91,046 × 0.0415 =
3	¥ 7,609 × 29.7 =
4	¥ 875 × 72,441 =
5	¥ 59 × 3,026 =

答えの小計・合計	合計 A に対する構成比率	
小計(1)〜(3)	(1)	(1)〜(3)
	(2)	
	(3)	
小計(4)〜(5)	(4)	(4)〜(5)
	(5)	
合計 A (1)〜(5)		

（注意）ペンス未満4捨5入，構成比率はパーセントの小数第2位未満4捨5入

6	£ 32.88 × 49 =
7	£ 1.13 × 7.26 =
8	£ 54.87 × 6,914 =
9	£ 7.96 × 523 =
10	£ 920.42 × 0.0851 =

答えの小計・合計	合計 B に対する構成比率	
小計(6)〜(8)	(6)	(6)〜(8)
	(7)	
	(8)	
小計(9)〜(10)	(9)	(9)〜(10)
	(10)	
合計 B (6)〜(10)		

第　学年　組　番	
名前	

（B）除算問題

（注意）円未満4捨5入，構成比率はパーセントの小数第2位未満4捨5入

1	¥ 39,216 ÷ 860 =
2	¥ 438,360 ÷ 59 =
3	¥ 5,052 ÷ 7.3 =
4	¥ 118 ÷ 3.15 =
5	¥ 2,426,250 ÷ 1,294 =

答えの小計・合計	合計Cに対する構成比率	
小計(1)〜(3)	(1)	(1)〜(3)
	(2)	
	(3)	
小計(4)〜(5)	(4)	(4)〜(5)
	(5)	
合計C(1)〜(5)		

（注意）セント未満4捨5入，構成比率はパーセントの小数第2位未満4捨5入

6	€ 80.91 ÷ 9.8 =
7	€ 755.37 ÷ 46.21 =
8	€ 3,245.07 ÷ 514 =
9	€ 516.59 ÷ 68 =
10	€ 12.24 ÷ 0.235 =

答えの小計・合計	合計Dに対する構成比率	
小計(6)〜(8)	(6)	(6)〜(8)
	(7)	
	(8)	
小計(9)〜(10)	(9)	(9)〜(10)
	(10)	
合計D(6)〜(10)		

	そろばん
	電　卓

第　学年　組　番	
名前	

（解答→別冊 p.34）

		A 乗算		B 除算		C 見取算		普通計算合計点
		正答数	得点	正答数	得点	正答数	得点	
珠算	(1)〜(10)	×10点		×10点		×10点		
電卓	(1)〜(10)	×5点		×5点		×5点		
	小計・合計・構成比率	×5点		×5点		×5点		

（第6回模擬試験）

第6回　ビジネス計算実務検定模擬試験

第3級　普通計算部門 （制限時間A・B・C合わせて30分）

(C) 見取算問題

（注意）構成比率はパーセントの小数第2位未満4捨5入

No.	1	2	3	4	5
1	¥ 353,146	¥ 81,350	¥ 9,275	¥ 301	¥ 682
2	26,753	4,762,694	81,368	3,695	708
3	4,289	3,178	−15,423	186	594
4	60,517	912	6,981	5,923	−371
5	197,491	637,845	−20,734	400	−424
6	6,862	19,203	64,196	6,857	985
7	42,930	587	−2,512	1,364	306
8	285,678	316,827	−37,647	172	219
9	9,305	736	−5,360	9,781	−176
10	71,724	20,759	48,051	4,238	−834
11		314	4,729	175	452
12		2,063		346	905
13		456,021		969	368
14		2,098,942		8,519	−540
15		460		2,613	−632
16				7,820	−717
17				497	823
18					259
19					670
20					198
計					

答えの小計合計	小計(1)〜(3)	小計(4)〜(5)
	合計E(1)〜(5)	

合計Eに対する構成比率	(1)	(2)	(3)	(4)	(5)
	(1)〜(3)			(4)〜(5)	

(注意) 構成比率はパーセントの小数第2位未満4捨5入

No.	6	7	8	9	10
1	$ 7.52	$ 805.19	$ 318.34	$ 2,603.97	$ 4,715.63
2	643.40	4,371.63	793.05	58,047.14	84.28
3	49.35	−962.87	254.26	−165.81	59.72
4	12.79	537.54	173.80	492.63	360.37
5	6.28	2,863.92	405.72	271.05	72.54
6	357.01	142.06	923.67	81,360.79	36.91
7	2,064.17	−3,058.41	536.19	−6,892.42	2,708.46
8	8.63	423.68	640.41	−43,715.26	23.60
9	31.84	6,736.50	161.08	70,984.10	81.09
10	4,185.32	−219.25	807.32	526.38	5,164.85
11	3.96	−1,904.72	214.91		97.24
12	72.45	685.34	436.85		3,673.13
13		734.89			45.89
14					28.46
15					519.07
計					

答えの小計合計		
	小計(6)〜(8)	小計(9)〜(10)
	合計F(6)〜(10)	

合計Fに対する構成比率					
	(6)	(7)	(8)	(9)	(10)
	(6)〜(8)			(9)〜(10)	

第　学年　組　番	
名前	

	そろばん
	電　卓

(C) 見取算得点

総　得　点

第6回ビジネス計算実務検定模擬試験

第 3 級　ビジネス計算部門（制限時間 30 分）

（注意）答えに端数が生じた場合は（　）内の条件によって処理すること。

(1) ¥640,000 の 83%はいくらか。

答 ______________

(2) ¥4,765 は何ユーロ何セントか。ただし，€1 = ¥126 とする。
（セント未満 4 捨 5 入）

答 ______________

(3) 2,490ft は何メートルか。ただし，1ft = 0.3048 m とする。
（メートル未満 4 捨 5 入）

答 ______________

(4) ¥380,000 を年利率 2.1%で 46 日間借りると，期日に支払う利息はいくらか。
（円未満切り捨て）

答 ______________

(5) 定価 ¥541,000 の商品を，定価の 6%引きで販売した。値引額はいくらであったか。

答 ______________

(6) ＄90.25 は円でいくらか。ただし，＄1 = ¥108 とする。

答 ______________

(7) 1 枚につき ¥1,270 の商品を 540 枚仕入れ，仕入諸掛 ¥29,400 を支払った。諸掛込原価はいくらか。

答 ______________

(8) 元金 ¥840,000 を年利率 1.2%で 8 か月間貸し付けると，期日に受け取る元利合計はいくらか。

答 ______________

(9) 1 パックにつき ¥170 の商品を仕入れ，代価として ¥158,100 を支払った。仕入数量は何パックか。

答 ______________

(10) ¥179,400 は ¥780,000 の何割何分か。

答 ______________

(11) 34,100kgは何英トンか。ただし，1英トン＝1,016kgとする。
(英トン未満4捨5入)

答 ＿＿＿＿＿＿＿＿＿＿

(12) 元金¥430,000を年利率3.7%で89日間借り入れると，期日に支払う元利合計はいくらか。(円未満切り捨て)

答 ＿＿＿＿＿＿＿＿＿＿

(13) £82.48は円でいくらか。ただし，£1＝¥145とする。
(円未満4捨5入)

答 ＿＿＿＿＿＿＿＿＿＿

(14) 定価の7掛で販売したところ，売価が¥399,000になった。定価はいくらであったか。

答 ＿＿＿＿＿＿＿＿＿＿

(15) ある施設の先月の入館者数は520,000人で，今月の入館者数は先月の入館者数よりも28%減少した。今月の入館者数は何人であったか。

答 ＿＿＿＿＿＿＿＿＿＿

(16) 原価¥210,000の商品を販売し，利益額が¥48,300となった。利益額は原価の何パーセントであったか。

答 ＿＿＿＿＿＿＿＿＿＿

(17) ¥794,000の56%増しはいくらか。

答 ＿＿＿＿＿＿＿＿＿＿

(18) 167lbは何キログラムか。ただし，1lb＝0.4536kgとする。 (キログラム未満4捨5入)

答 ＿＿＿＿＿＿＿＿＿＿

(19) ¥920,000を年利率6%で6月14日から8月25日まで貸すと，期日に受け取る利息はいくらか。(片落とし，円未満切り捨て)

答 ＿＿＿＿＿＿＿＿＿＿

(20) 10袋につき¥6,400の商品を970袋仕入れた。この商品に仕入原価の35%の利益をみて全部販売すると，総売上高はいくらか。

答 ＿＿＿＿＿＿＿＿＿＿

第　学年　組　番	
名前	

正答数	総得点
×5点	

(第6回模擬試験)

公益財団法人　全国商業高等学校協会主催

文　部　科　学　省　後　援

第7回　ビジネス計算実務検定模擬試験

第3級　普通計算部門　(制限時間A・B・C合わせて30分)

(A) 乗算問題

(注意) 円未満4捨5入，構成比率はパーセントの小数第2位未満4捨5入

1	¥ 72 × 2,640.7 =
2	¥ 584 × 35.5 =
3	¥ 6,503 × 289 =
4	¥ 811 × 45,370 =
5	¥ 19,242 × 8.06 =

答えの小計・合計	合計Aに対する構成比率	
小計(1)〜(3)	(1)	(1)〜(3)
	(2)	
	(3)	
小計(4)〜(5)	(4)	(4)〜(5)
	(5)	
合計A(1)〜(5)		

(注意) セント未満4捨5入，構成比率はパーセントの小数第2位未満4捨5入

6	€ 160.55 × 0.0803 =
7	€ 72.49 × 8.586 =
8	€ 43.82 × 21,706 =
9	€ 6.53 × 194 =
10	€ 352.5 × 9.09 =

答えの小計・合計	合計Bに対する構成比率	
小計(6)〜(8)	(6)	(6)〜(8)
	(7)	
	(8)	
小計(9)〜(10)	(9)	(9)〜(10)
	(10)	
合計B(6)〜(10)		

第　学年　組　番	
名前	

(B) 除 算 問 題

(注意) 円未満4捨5入，構成比率はパーセントの小数第2位未満4捨5入

1	¥ 13,132 ÷ 4.96 =
2	¥ 281,010 ÷ 570 =
3	¥ 62,473 ÷ 824 =
4	¥ 98 ÷ 3.05 =
5	¥ 6,045 ÷ 0.71 =

答えの小計・合計	合計Cに対する構成比率	
小計(1)〜(3)	(1)	(1)〜(3)
	(2)	
	(3)	
小計(4)〜(5)	(4)	(4)〜(5)
	(5)	
合計C(1)〜(5)		

(注意) セント未満4捨5入，構成比率はパーセントの小数第2位未満4捨5入

6	$ 158.82 ÷ 3.9 =
7	$ 7,523.50 ÷ 6.11 =
8	$ 869.19 ÷ 10.2 =
9	$ 43,701.45 ÷ 4,745 =
10	$ 1,649.08 ÷ 560 =

答えの小計・合計	合計Dに対する構成比率	
小計(6)〜(8)	(6)	(6)〜(8)
	(7)	
	(8)	
小計(9)〜(10)	(9)	(9)〜(10)
	(10)	
合計D(6)〜(10)		

	そろばん
	電 卓

第 学年 組 番	
名前	

(解答→別冊 p.38)

		A 乗算		B 除算		C 見取算		普通計算合計点
		正答数	得点	正答数	得点	正答数	得点	
珠算	(1)〜(10)	×10点		×10点		×10点		
電卓	(1)〜(10)	×5点		×5点		×5点		
	小計・合計・構成比率	×5点		×5点		×5点		

(第7回模擬試験)

第7回　ビジネス計算実務検定模擬試験

第3級　普通計算部門 (制限時間 A・B・C 合わせて 30 分)

(C) 見取算問題

(注意) 構成比率はパーセントの小数第2位未満4捨5入

No.	1	2	3	4	5
1	¥ 751	¥ 5,836	¥ 74,152	¥ 9,324	¥ 702,091
2	948	290,753	9,560	169	586,439
3	2,365	624	−23,643	438	261,357
4	416	4,863,151	5,718	870	−930,218
5	3,692	19,470	−17,309	513	−457,146
6	523	395	60,575	4,042	323,750
7	4,109	72,089	−2,928	16,756	612,823
8	7,284	1,642	−34,031	201	−845,682
9	850	608,267	−3,294	694	109,704
10	6,967	518	89,717	937	284,575
11	141	425	6,189	360	
12	470	4,604		182	
13	1,258	347,230		38,705	
14	5,095	2,036,159		2,916	
15	9,412	862		471	
16	764			643	
17	8,593			45,978	
18				150	
19				7,829	
20				267	
計					

答えの小計合計	小計(1)〜(3)	小計(4)〜(5)
	合計 E (1)〜(5)	

合計 E に対する構成比率	(1)	(2)	(3)	(4)	(5)
	(1)〜(3)			(4)〜(5)	

（注意）構成比率はパーセントの小数第２位未満４捨５入

No.	6	7	8	9	10
1	£ 240.39	£ 7,571.04	£ 8.17	£ 79.68	£ 162.83
2	582.48	602.82	692.35	315.04	74.21
3	126.41	−374.19	76.08	9,164.93	210.96
4	863.02	456.20	45.41	−81.25	431.54
5	371.54	8,389.35	839.72	493.82	28.67
6	739.16	245.68	58.53	5,064.70	306.49
7	615.67	−1,032.86	2,460.98	−135.61	45.02
8	810.23	920.57	17.26	−3,802.47	1,967.35
9	491.65	6,194.31	4.10	751.39	89.71
10	124.94	−318.70	2.84	40.28	54.68
11	507.10	−4,573.62	523.69		691.20
12	342.76	769.03	69.24		18.93
13		801.45			46.04
14					2,752.19
15					520.37
計					

答えの小計合計		
	小計(6)〜(8)	小計(9)〜(10)
	合計Ｆ(6)〜(10)	

合計Ｆに対する構成比率					
	(6)	(7)	(8)	(9)	(10)
	(6)〜(8)			(9)〜(10)	

第　学年　組　番	
名前	

	そろばん
	電　卓

（C）見取算得点

総　得　点

第7回ビジネス計算実務検定模擬試験

第 3 級　ビジネス計算部門 (制限時間 30 分)

(注意) 答えに端数が生じた場合は (　) 内の条件によって処理すること。

(1) ¥430,000 の 72%はいくらか。

答 ____________

(2) ¥7,025 は何ポンド何ペンスか。ただし，£1 = ¥183 とする。
(ペンス未満 4 捨 5 入)

答 ____________

(3) 81 米ガロンは何リットルか。ただし，1 米ガロン = 3.785L とする。
(リットル未満 4 捨 5 入)

答 ____________

(4) 定価 ¥350,000 の商品を ¥133,000 値引きして販売した。値引額は定価の何パーセントか。

答 ____________

(5) £59.32 は円でいくらか。ただし，£1 = ¥135 とする。(円未満 4 捨 5 入)

答 ____________

(6) ¥690,000 を年利率 4.9%で 6 か月間借り入れると，支払う利息はいくらか。

答 ____________

(7) 原価 ¥420,000 の商品を販売し，原価の 19%の利益を得た。売価はいくらか。

答 ____________

(8) ある金額の 2 割 3 分増しが ¥664,200 であった。ある金額はいくらか。

答 ____________

(9) ある衣料品を 1 着につき ¥7,980 で 120 着仕入れ，仕入諸掛 ¥66,000 を支払った。諸掛込原価はいくらか。

答 ____________

(10) ¥950,000 を年利率 5.1%で 71 日間貸すと，元利合計はいくらか。
(円未満切り捨て)

答 ____________

(11) ¥190,000の24%引きはいくらか。

答 ＿＿＿＿＿＿＿＿

(12) ¥7,560は何ドル何セントか。ただし，$1 = ¥115とする。
(セント未満4捨5入)

答 ＿＿＿＿＿＿＿＿

(13) 1箱につき¥830の商品を仕入れ，代価¥705,500を支払った。仕入数量は何箱か。

答 ＿＿＿＿＿＿＿＿

(14) 元金¥650,000を年利率3%で79日間借り入れると，期日に支払う利息はいくらか。(円未満切り捨て)

答 ＿＿＿＿＿＿＿＿

(15) 501ftは何メートルか。ただし，1ft = 0.3048mとする。
(メートル未満4捨5入)

答 ＿＿＿＿＿＿＿＿

(16) ある港における今年の漁獲量は11,760トンで，昨年の漁獲量は28,000トンであった。今年の漁獲量は昨年に比べて何割何分減少したか。

答 ＿＿＿＿＿＿＿＿

(17) ¥390,000を年利率4.1%で6月15日から8月21日まで貸すと，受け取る元利合計はいくらか。(片落とし，円未満切り捨て)

答 ＿＿＿＿＿＿＿＿

(18) 定価の8掛けで販売したところ，売価が¥493,600になった。定価はいくらであったか。

答 ＿＿＿＿＿＿＿＿

(19) 495kgは何ポンドか。ただし，1lb = 0.4536kgとする。
(ポンド未満4捨5入)

答 ＿＿＿＿＿＿＿＿

(20) 10kgにつき¥8,600の商品を300kg仕入れた。この商品に仕入原価の34%の利益をみて販売すると，利益の総額はいくらか。

答 ＿＿＿＿＿＿＿＿

第　学年　組　番	
名前	

正答数	総得点
×5点	

(第7回模擬試験)

公益財団法人　全国商業高等学校協会主催

文　部　科　学　省　後　援

第8回　ビジネス計算実務検定模擬試験

第３級　普通計算部門 (制限時間 A・B・C 合わせて 30 分)

(A) 乗算問題

(注意) 円未満 4 捨 5 入，構成比率はパーセントの小数第 2 位未満 4 捨 5 入

1	¥ 45,281 × 0.037 =
2	¥ 976 × 10.5 =
3	¥ 3,380 × 612 =
4	¥ 74 × 2,936.8 =
5	¥ 5,063 × 1,824 =

答えの小計・合計	合計 A に対する構成比率	
小計(1)〜(3)	(1)	(1)〜(3)
	(2)	
	(3)	
小計(4)〜(5)	(4)	(4)〜(5)
	(5)	
合計 A (1)〜(5)		

(注意) セント未満 4 捨 5 入，構成比率はパーセントの小数第 2 位未満 4 捨 5 入

6	$ 25.89 × 104.2 =
7	$ 691.5 × 45 =
8	$ 0.97 × 322.64 =
9	$ 53.71 × 9,048 =
10	$ 8.13 × 762 =

答えの小計・合計	合計 B に対する構成比率	
小計(6)〜(8)	(6)	(6)〜(8)
	(7)	
	(8)	
小計(9)〜(10)	(9)	(9)〜(10)
	(10)	
合計 B (6)〜(10)		

第　学年　組　番	
名前	

（B）除 算 問 題

（注意）円未満4捨5入，構成比率はパーセントの小数第2位未満4捨5入

1	¥ 18,655 ÷ 65 =
2	¥ 23,980 ÷ 72.44 =
3	¥ 377,038 ÷ 573 =
4	¥ 6,021 ÷ 130.9 =
5	¥ 7,929 ÷ 0.82 =

答えの小計・合計	合計Cに対する構成比率	
小計(1)〜(3)	(1)	(1)〜(3)
	(2)	
	(3)	
小計(4)〜(5)	(4)	(4)〜(5)
	(5)	
合計C(1)〜(5)		

（注意）ペンス未満4捨5入，構成比率はパーセントの小数第2位未満4捨5入

6	£ 332.5 ÷ 482.8 =
7	£ 2.09 ÷ 0.074 =
8	£ 5,497.96 ÷ 630 =
9	£ 19,770.43 ÷ 91 =
10	£ 1,362.65 ÷ 25.2 =

答えの小計・合計	合計Dに対する構成比率	
小計(6)〜(8)	(6)	(6)〜(8)
	(7)	
	(8)	
小計(9)〜(10)	(9)	(9)〜(10)
	(10)	
合計D(6)〜(10)		

	そろばん
	電　卓

第　学年　組　番	
名前	

（解答→別冊 p.42）

		A 乗算		B 除算		C 見取算		普通計算合計点
		正答数	得点	正答数	得点	正答数	得点	
珠算	(1)〜(10)	×10点		×10点		×10点		
電卓	(1)〜(10)	×5点		×5点		×5点		
	小計・合計・構成比率	×5点		×5点		×5点		

（第8回模擬試験）

第8回　ビジネス計算実務検定模擬試験

第3級　普通計算部門 (制限時間 A・B・C 合わせて 30 分)

(C) 見取算問題

(注意) 構成比率はパーセントの小数第2位未満4捨5入

No.	1	2	3	4	5
1	¥ 293,605	¥ 452	¥ 8,549	¥ 67,836	¥ 728
2	61,242	731	76,286	3,912,659	164
3	38,571	2,928	−13,425	5,817	903
4	5,436	864	5,906	325	452
5	172,028	3,175	−24,381	741,060	−639
6	4,153	693	90,267	28,903	−507
7	25,314	5,207	−1,942	271	814
8	386,709	8,340	−38,570	406,538	240
9	1,925	212	−2,634	194	326
10	67,860	4,756	89,278	14,652	191
11		9,589	4,315	743	−275
12		964	67,019	6,269	−403
13		1,270	25,123	383,410	946
14		7,431		2,079,257	632
15		595		584	759
16		803			−398
17		6,128			−120
18					−765
19					841
20					583
計					

答えの小計合計		
	小計(1)〜(3)	小計(4)〜(5)
	合計 E (1)〜(5)	

合計 E に対する構成比率					
	(1)	(2)	(3)	(4)	(5)
	(1)〜(3)			(4)〜(5)	

（注意）構成比率はパーセントの小数第2位未満4捨5入

No.	6	7	8	9	10
1	€ 627.05	€ 2,659.01	€ 5.37	€ 21.86	€ 368.63
2	3,465.91	43,261.72	486.12	73.64	21.05
3	742.13	−175.63	64.90	−50.49	60,479.41
4	219.78	392.82	38.24	−14.27	52.98
5	503.57	508.40	521.83	86.10	4,603.16
6	178.26	81,764.38	1,390.79	42.32	85.75
7	5,926.08	−6,820.15	23.58	65.75	146.54
8	891.30	−39,596.86	7.81	29.46	89.87
9	1,635.29	70,463.24	4.06	−46.91	2,931.27
10	384.61	412.59	3,072.35	−73.59	62.30
11	4,710.56		9.42	−62.82	18.69
12	2,852.92		80.26	91.03	1,674.02
13	136.43			15.68	35,845.93
14				54.38	20.81
15				37.23	
計					

答えの小計合計		
	小計(6)〜(8)	小計(9)〜(10)
	合計F(6)〜(10)	

合計Fに対する構成比率					
	(6)	(7)	(8)	(9)	(10)
	(6)〜(8)			(9)〜(10)	

第 学年 組 番	
名前	

	そろばん
	電 卓

（C）見取算得点

総 得 点

第8回ビジネス計算実務検定模擬試験

第 3 級　ビジネス計算部門（制限時間 30 分）

（注意）答えに端数が生じた場合は（　）内の条件によって処理すること。

(1) $76.50 は円でいくらか。ただし，$1 = ¥119 とする。（円未満4捨5入）

答 ＿＿＿＿＿＿＿＿

(2) 156 mは何フィートか。ただし，1ft = 0.3048 mとする。
（フィート未満4捨5入）

答 ＿＿＿＿＿＿＿＿

(3) 1 枚につき ¥390 の商品を 2,490 枚仕入れ，仕入諸掛 ¥23,000 を支払った。諸掛込原価はいくらか。

答 ＿＿＿＿＿＿＿＿

(4) 52 英ガロンは何リットルか。ただし，1 英ガロン = 4.546L とする。
（リットル未満4捨5入）

答 ＿＿＿＿＿＿＿＿

(5) 原価 ¥680,000 の商品を販売して，¥40,800 の利益を得た。利益額は原価の何パーセントか。

答 ＿＿＿＿＿＿＿＿

(6) ¥1,760 は何ポンド何ペンスか。ただし，£1 = ¥168 とする。（ペンス未満4捨5入）

答 ＿＿＿＿＿＿＿＿

(7) ¥890,000 を年利率 5.3% で 71 日間借り入れると，支払う利息はいくらか。
（円未満切り捨て）

答 ＿＿＿＿＿＿＿＿

(8) ¥1,075,200 は ¥960,000 の何割何分増しか。

答 ＿＿＿＿＿＿＿＿

(9) 定価 ¥853,000 の商品を定価の 13% 引きで販売した。売価はいくらか。

答 ＿＿＿＿＿＿＿＿

(10) ¥810,000 を年利率 1.2% で 10 か月間貸すと，元利合計はいくらか。

答 ＿＿＿＿＿＿＿＿

(11) ¥135,200 は ¥260,000 の何パーセントか。

答 ＿＿＿＿＿＿＿＿＿＿

(12) 原価の 2 割 3 分の利益をみて ¥750,300 の定価をつけた。この商品の原価はいくらか。

答 ＿＿＿＿＿＿＿＿＿＿

(13) ある施設の昨年の利用者数は 246,000 人で，今年の利用者数は昨年よりも 5%減少した。今年の利用者数は何人であったか。

答 ＿＿＿＿＿＿＿＿＿＿

(14) 元金 ¥380,000 を年利率 4%で 71 日間貸すと，期日に受け取る利息はいくらか。（円未満切り捨て）

答 ＿＿＿＿＿＿＿＿＿＿

(15) ¥670,000 の 41%はいくらか。

答 ＿＿＿＿＿＿＿＿＿＿

(16) ¥9,750 は何ユーロ何セントか。ただし，€1 = ¥124 とする。（セント未満 4 捨 5 入）

答 ＿＿＿＿＿＿＿＿＿＿

(17) 1 台につき ¥3,480 の商品を仕入れ，代価 ¥1,023,120 を支払った。仕入数量は何台か。

答 ＿＿＿＿＿＿＿＿＿＿

(18) 734yd は何メートルか。ただし，1yd = 0.9144 m とする。（メートル未満 4 捨 5 入）

答 ＿＿＿＿＿＿＿＿＿＿

(19) ¥910,000 を年利率 2.9%で 4 月 12 日から 6 月 23 日まで借り入れると，期日に支払う元利合計はいくらか。（片落とし，円未満切り捨て）

答 ＿＿＿＿＿＿＿＿＿＿

(20) 10 個につき ¥1,350 の商品を 4,200 個仕入れた。この商品に仕入原価の 28%の利益をみて全部販売すると，総売上高はいくらか。

答 ＿＿＿＿＿＿＿＿＿＿

第　学年　　組　　番	
名前	

正答数	総得点
×5点	

公益財団法人　全国商業高等学校協会主催

第145回　ビジネス計算実務検定試験

第3級　普通計算部門 (制限時間 A・B・C 合わせて 30 分)

(A) 乗算問題

(注意) 円未満4捨5入, 構成比率はパーセントの小数第2位未満4捨5入

1	¥ 7,352 × 67 =
2	¥ 547 × 13.4 =
3	¥ 85 × 77,128 =
4	¥ 3,146 × 0.0589 =
5	¥ 98,010 × 826 =

答えの小計・合計	合計 A に対する構成比率	
小計(1)〜(3)	(1)	(1)〜(3)
	(2)	
	(3)	
小計(4)〜(5)	(4)	(4)〜(5)
	(5)	
合計 A (1)〜(5)		

(注意) セント未満4捨5入, 構成比率はパーセントの小数第2位未満4捨5入

6	€ 4.91 × 639.3 =
7	€ 19.04 × 30.75 =
8	€ 0.68 × 2,481 =
9	€ 2.29 × 40,560 =
10	€ 706.53 × 9.2 =

答えの小計・合計	合計 B に対する構成比率	
小計(6)〜(8)	(6)	(6)〜(8)
	(7)	
	(8)	
小計(9)〜(10)	(9)	(9)〜(10)
	(10)	
合計 B (6)〜(10)		

第　学年　組　番
名前

（B）除 算 問 題

（注意）円未満4捨5入，構成比率はパーセントの小数第2位未満4捨5入

1	¥ 52,416 ÷ 63 =
2	¥ 3,569 ÷ 0.76 =
3	¥ 70,818 ÷ 957 =
4	¥ 1,168,700 ÷ 2,015 =
5	¥ 9,013 ÷ 84.4 =

答えの小計・合計	合計Cに対する構成比率	
小計(1)〜(3)	(1)	(1)〜(3)
	(2)	
	(3)	
小計(4)〜(5)	(4)	(4)〜(5)
	(5)	
合計C(1)〜(5)		

（注意）セント未満4捨5入，構成比率はパーセントの小数第2位未満4捨5入

6	$ 7,182.28 ÷ 791 =
7	$ 45.43 ÷ 18.28 =
8	$ 13,359.60 ÷ 360 =
9	$ 230.37 ÷ 430.9 =
10	$ 32.50 ÷ 5.2 =

答えの小計・合計	合計Dに対する構成比率	
小計(6)〜(8)	(6)	(6)〜(8)
	(7)	
	(8)	
小計(9)〜(10)	(9)	(9)〜(10)
	(10)	
合計D(6)〜(10)		

	そろばん
	電　卓

第　学年　組　番	
名前	

（解答→別冊 p.48）

		A 乗算		B 除算		C 見取算		普通計算合計点
		正答数	得点	正答数	得点	正答数	得点	
珠算	(1)〜(10)	×10点		×10点		×10点		
電卓	(1)〜(10)	×5点		×5点		×5点		
	小計・合計・構成比率	×5点		×5点		×5点		

（第145回試験）

第145回　ビジネス計算実務検定試験

第3級　普通計算部門 (制限時間 A・B・C 合わせて30分)

(C) 見取算問題

(注意) 構成比率はパーセントの小数第2位未満4捨5入

No.	1	2	3	4	5
1	¥ 2,097	¥ 394	¥ 7,015,875	¥ 62,459	¥ 8,471
2	4,912	710	392,429	13,034	596
3	85,523	182	−5,068	4,907	312
4	740	479	23,549	86,128	−107
5	3,817	660	904	25,371	−4,285
6	159	487	−81,657	1,460	803
7	5,073	978	−432	72,958	170
8	434	542	1,940,386	9,315	418
9	7,621	963	7,113	40,836	2,060
10	365	137	678,260	87,769	−735
11	90,248	256		6,510	−957
12	6,801	704		50,274	261
13	1,986	815		38,043	754
14		231		91,792	6,329
15		576		5,681	−9,936
16		921			−648
17		340			582
18		898			3,094
19		653			
20		205			
計					

答えの小計合計		
	小計(1)〜(3)	小計(4)〜(5)
	合計 E (1)〜(5)	

合計Eに対する構成比率					
	(1)	(2)	(3)	(4)	(5)
	(1)〜(3)			(4)〜(5)	

（注意）構成比率はパーセントの小数第２位未満４捨５入

No.	6	7	8	9	10
1	£ 5,703.16	£ 18.62	£ 482.78	£ 92,647.53	21.50
2	694.89	23.31	6,528.13	180.98	9,607.16
3	1,358.64	54.63	9,037.50	−497.24	59.23
4	76.08	40.58	243.01	934.85	1,298.02
5	885.43	−59.41	4,708.96	1,622.10	304.49
6	929.71	−47.87	384.69	6,356.03	8.32
7	40.25	98.43	151.87	−3,061.76	5,310.81
8	2,017.80	79.08	976.42	−70,515.29	263.74
9	79.32	−83.70	5,619.25	−208.40	8,975.17
10	461.53	16.92	860.04	573.82	640.65
11		21.75	7,395.32	45,894.31	786.90
12		−32.04		8,719.67	1.38
13		−76.50			4,572.54
14		95.26			9,467.68
15		60.19			
計					

答えの小計合計	小計(6)～(8)	小計(9)～(10)
	合計Ｆ(6)～(10)	

合計Ｆに対する構成比率	(6)	(7)	(8)	(9)	(10)
	(6)～(8)			(9)～(10)	

第　学年	組	番
名前		

	そろばん
	電　卓

(C) 見取算得点

総　得　点

（第145回試験）

第145回ビジネス計算実務検定試験

第 3 級　ビジネス計算部門（制限時間 30 分）

（注意）答えに端数が生じた場合は（　）内の条件によって処理すること。

(1) ＄72.50 は円でいくらか。ただし，＄1 ＝ ¥134 とする。

答 ＿＿＿＿＿＿＿＿

(2) 648kgは何ポンドか。ただし，1lb ＝ 0.4536kgとする。
（ポンド未満4捨5入）

答 ＿＿＿＿＿＿＿＿

(3) 原価の 14％の利益を見込んで ¥889,200 の予定売価（定価）をつけた。
この商品の原価はいくらか。

答 ＿＿＿＿＿＿＿＿

(4) ¥670,000 の 93％はいくらか。

答 ＿＿＿＿＿＿＿＿

(5) ¥560,000 を年利率 2.1％で 98 日間借りると，期日に支払う利息はいくらか。
（円未満切り捨て）

答 ＿＿＿＿＿＿＿＿

(6) 予定売価（定価）¥370,000 の商品を ¥62,900 値引きして販売した。値引額は予定売価（定価）の何パーセントか。

答 ＿＿＿＿＿＿＿＿

(7) 元金 ¥410,000 を年利率 1.8％で 4 か月間貸すと，期日に受け取る元利合計はいくらか。

答 ＿＿＿＿＿＿＿＿

(8) ¥3,291 は何ポンド何ペンスか。ただし，£1 ＝ ¥159 とする。（ペンス未満4捨5入）

答 ＿＿＿＿＿＿＿＿

(9) ¥869,400 は ¥460,000 の何割何分増しか。

答 ＿＿＿＿＿＿＿＿

(10) 1 箱につき ¥2,680 の商品を 160 箱仕入れ，仕入諸掛 ¥14,300 を支払った。
諸掛込原価はいくらか。

答 ＿＿＿＿＿＿＿＿

(11) 96 米ガロンは何リットルか。ただし，1 米ガロン = 3.785 L とする。（リットル未満 4 捨 5 入）

答 ＿＿＿＿＿＿＿＿＿＿

(12) 1 台につき ¥820 の商品を仕入れ，代価 ¥795,400 を支払った。仕入数量は何台か。

答 ＿＿＿＿＿＿＿＿＿＿

(13) ある書店の先月の販売冊数は 110,000 冊で，今月の販売冊数は先月より 51%減少した。今月の販売冊数は何冊か。

答 ＿＿＿＿＿＿＿＿＿＿

(14) €61.09 は円でいくらか。ただし，€1 = ¥146 とする。（円未満 4 捨 5 入）

答 ＿＿＿＿＿＿＿＿＿＿

(15) ¥280,000 を年利率 0.5%で 81 日間借り入れると，期日に支払う元利合計はいくらか。（円未満切り捨て）

答 ＿＿＿＿＿＿＿＿＿＿

(16) 706m は何ヤードか。ただし，1yd = 0.9144m とする。（ヤード未満 4 捨 5 入）

答 ＿＿＿＿＿＿＿＿＿＿

(17) 予定売価（定価）¥473,000 の商品を，予定売価（定価）の 8 掛で販売した。実売価はいくらか。

答 ＿＿＿＿＿＿＿＿＿＿

(18) ある金額の 22%増しが ¥219,600 であった。ある金額はいくらか。

答 ＿＿＿＿＿＿＿＿＿＿

(19) 元金 ¥970,000 を年利率 3.9%で，5 月 2 日から 7 月 17 日まで貸すと，期日に受け取る利息はいくらか。（片落とし，円未満切り捨て）

答 ＿＿＿＿＿＿＿＿＿＿

(20) 10 袋につき ¥5,500 の商品を 380 袋仕入れ，仕入原価の 25%の利益をみて全部販売した。利益の総額はいくらか。

答 ＿＿＿＿＿＿＿＿＿＿

第　学年　組　番	
名前	

正答数	総得点
×5点	

（第 145 回試験）

公益財団法人　全国商業高等学校協会主催

第146回　ビジネス計算実務検定試験

第3級　普通計算部門（制限時間A・B・C合わせて30分）

（A）乗算問題

（注意）円未満4捨5入，構成比率はパーセントの小数第2位未満4捨5入

1	¥ 7,992 × 36 =
2	¥ 213 × 7,252 =
3	¥ 81,045 × 0.517 =
4	¥ 61 × 946.03 =
5	¥ 934 × 840 =

答えの小計・合計	合計Aに対する構成比率	
小計(1)〜(3)	(1)	(1)〜(3)
	(2)	
	(3)	
小計(4)〜(5)	(4)	(4)〜(5)
	(5)	
合計A(1)〜(5)		

（注意）ペンス未満4捨5入，構成比率はパーセントの小数第2位未満4捨5入

6	£ 1.26 × 4,805.9 =
7	£ 508.57 × 14 =
8	£ 76.30 × 668 =
9	£ 0.49 × 970.1 =
10	£ 38.28 × 23.75 =

答えの小計・合計	合計Bに対する構成比率	
小計(6)〜(8)	(6)	(6)〜(8)
	(7)	
	(8)	
小計(9)〜(10)	(9)	(9)〜(10)
	(10)	
合計B(6)〜(10)		

第　学年　組　番	
名前	

（B）除算問題

（注意）円未満４捨５入，構成比率はパーセントの小数第２位未満４捨５入

1	¥ 31,236 ÷ 822 =
2	¥ 1,761 ÷ 3.51 =
3	¥ 77,658 ÷ 1,806 =
4	¥ 60,444 ÷ 69 =
5	¥ 81,706 ÷ 41.7 =

答えの小計・合計	合計Cに対する構成比率	
小計(1)〜(3)	(1)	(1)〜(3)
	(2)	
	(3)	
小計(4)〜(5)	(4)	(4)〜(5)
	(5)	
合計C(1)〜(5)		

（注意）セント未満４捨５入，構成比率はパーセントの小数第２位未満４捨５入

6	€ 28,831.20 ÷ 2,930 =
7	€ 0.18 ÷ 0.053 =
8	€ 6,778.34 ÷ 94 =
9	€ 475.09 ÷ 707.8 =
10	€ 956.04 ÷ 46.5 =

答えの小計・合計	合計Dに対する構成比率	
小計(6)〜(8)	(6)	(6)〜(8)
	(7)	
	(8)	
小計(9)〜(10)	(9)	(9)〜(10)
	(10)	
合計D(6)〜(10)		

	そろばん
	電　卓

第　学年　組　番	
名前	

（解答→別冊 p.48）

		A 乗算		B 除算		C 見取算		普通計算合計点
		正答数	得点	正答数	得点	正答数	得点	
珠算	(1)〜(10)	×10点		×10点		×10点		
電卓	(1)〜(10)	×5点		×5点		×5点		
	小計・合計・構成比率	×5点		×5点		×5点		

（第146回試験）

第146回　ビジネス計算実務検定試験

第３級　普通計算部門　（制限時間Ａ・Ｂ・Ｃ合わせて30分）

（C）見取算問題

（注意）構成比率はパーセントの小数第２位未満４捨５入

No.	1	2	3	4	5
1	¥ 3,285	¥ 7,065,942	¥ 860,489	¥ 496	¥ 18,350
2	107	643,203	7,623	801	799
3	2,631	−57,898	49,105	325	9,027
4	458	9,017	6,730	−238	143,195
5	717	460	50,978	−147	564
6	302	81,395	3,216	406	126
7	4,193	−234,551	4,358	713	470
8	840	−6,180	95,464	602	5,738
9	529	1,928,726	2,081	−930	341
10	7,036	374	11,527	−684	71,608
11	644		398,312	−577	232
12	951		5,690	245	82,589
13	5,068		2,847	810	962
14	273			469	3,054
15	896			353	407,487
16				−782	6,946
17				−590	803
18				865	615
19				921	
20				179	
計					

答えの小計合計		
	小計(1)〜(3)	小計(4)〜(5)
	合計Ｅ(1)〜(5)	

合計Ｅに対する構成比率					
	(1)	(2)	(3)	(4)	(5)
	(1)〜(3)			(4)〜(5)	

(注意) 構成比率はパーセントの小数第2位未満4捨5入

No.	6	7	8	9	10
1	$ 20.14	$ 7,423.18	$ 94,725.63	$ 6.87	$ 586.91
2	465.23	2,537.04	82.79	19.74	7,220.57
3	97.68	1,960.62	371.54	7,365.07	−645.38
4	638.02	7,841.09	−2,497.31	4,281.69	13.27
5	541.36	8,712.43	−19.85	678.05	9,795.04
6	89.45	4,056.75	658.74	51,029.31	−43.76
7	210.87	3,698.29	45.20	2.46	309.63
8	72.90	9,334.80	−502.67	47.53	8,061.89
9	304.71	6,176.57	−36.83	1.48	−54.02
10	16.69	5,085.91	800.92	56.20	−2,178.15
11	758.53		96.10	8,830.12	39.48
12			−12,138.46	794.39	412.60
13			7,053.91	8.95	
14			64.08	35.21	
15				90,403.72	
計					

答えの小計合計		
	小計(6)〜(8)	小計(9)〜(10)
	合計 F (6)〜(10)	

合計 F に対する構成比率					
	(6)	(7)	(8)	(9)	(10)
	(6)〜(8)			(9)〜(10)	

第	学年	組	番
名前			

	そろばん
	電　卓

(C) 見取算得点

総　得　点

第146回ビジネス計算実務検定試験

第３級　ビジネス計算部門（制限時間30分）

（注意）答えに端数が生じた場合は（　）内の条件によって処理すること。

(1) ¥710,000の65%はいくらか。

答 ＿＿＿＿＿＿＿＿

(2) ¥8,364は何ユーロ何セントか。ただし，€1 = ¥142とする。（セント未満4捨5入）

答 ＿＿＿＿＿＿＿＿

(3) 予定売価（定価）¥910,000の商品を，予定売価（定価）の17%引きで販売した。値引額はいくらか。

答 ＿＿＿＿＿＿＿＿

(4) ¥870,000を年利率2.9%で63日間貸すと，期日に受け取る利息はいくらか。（円未満切り捨て）

答 ＿＿＿＿＿＿＿＿

(5) 78,600kgは何米トンか。ただし，1米トン = 907.2kgとする。（米トン未満4捨5入）

答 ＿＿＿＿＿＿＿＿

(6) £57.40は円でいくらか。ただし，£1 = ¥165とする。

答 ＿＿＿＿＿＿＿＿

(7) 原価¥350,000の商品に¥80,500の利益をみて販売した。利益額は原価の何パーセントか。

答 ＿＿＿＿＿＿＿＿

(8) あるバス会社の昨日の乗車人数は55,000人で，本日の乗車人数は昨日より43%増加した。本日の乗車人数は何人か。

答 ＿＿＿＿＿＿＿＿

(9) 1本につき¥1,820の商品を510本仕入れ，仕入諸掛¥37,900を支払った。諸掛込原価はいくらか。

答 ＿＿＿＿＿＿＿＿

(10) 元金¥240,000を年利率3.4%で11か月間借りると，期日に支払う元利合計はいくらか。

答 ＿＿＿＿＿＿＿＿

(11) ある金額の37%引きが¥403,200であった。ある金額はいくらか。

答 ＿＿＿＿＿＿＿＿

(12) 1枚につき¥930の商品を仕入れ，代価¥762,600を支払った。仕入数量は何枚か。

答 ＿＿＿＿＿＿＿＿

(13) ¥190,000を年利率0.6%で88日間貸すと，期日に受け取る元利合計はいくらか。（円未満切り捨て）

答 ＿＿＿＿＿＿＿＿

(14) $46.81は円でいくらか。ただし，$1 = ¥139とする。（円未満4捨5入）

答 ＿＿＿＿＿＿＿＿

(15) 84米ガロンは何リットルか。ただし，1米ガロン = 3.785 Lとする。（リットル未満4捨5入）

答 ＿＿＿＿＿＿＿＿

(16) ¥545,200は¥940,000の何割何分か。

答 ＿＿＿＿＿＿＿＿

(17) 元金¥660,000を年利率1.2%で6月7日から8月21日まで借りると，期日に支払う利息はいくらか。（片落とし，円未満切り捨て）

答 ＿＿＿＿＿＿＿＿

(18) 予定売価（定価）の9掛で販売したところ，実売価が¥278,100になった。予定売価（定価）はいくらか。

答 ＿＿＿＿＿＿＿＿

(19) 673 mは何フィートか。ただし，1ft = 0.3048 mとする。（フィート未満4捨5入）

答 ＿＿＿＿＿＿＿＿

(20) 10セットにつき¥7,200の商品を850セット仕入れた。この商品に仕入原価の28%の利益をみて全部販売すると，実売価の総額はいくらか。

答 ＿＿＿＿＿＿＿＿

第　学年　組　番	
名前	

正答数	総得点
×5点	

（第146回試験）

公益財団法人　全国商業高等学校協会主催

第147回　ビジネス計算実務検定試験

第3級　普通計算部門 (制限時間 A・B・C 合わせて 30 分)

(A) 乗算問題

(注意) 円未満4捨5入，構成比率はパーセントの小数第2位未満4捨5入

1	¥ 584 × 870 =
2	¥ 43 × 2,481 =
3	¥ 26,590 × 0.096 =
4	¥ 1,772 × 415 =
5	¥ 806 × 3,936.2 =

答えの小計・合計	合計 A に対する構成比率	
小計(1)〜(3)	(1)	(1)〜(3)
	(2)	
	(3)	
小計(4)〜(5)	(4)	(4)〜(5)
	(5)	
合計 A (1)〜(5)		

(注意) セント未満4捨5入，構成比率はパーセントの小数第2位未満4捨5入

6	$ 9.25 × 710.4 =
7	$ 40.37 × 6.3 =
8	$ 385.01 × 209 =
9	$ 0.79 × 55,328 =
10	$ 61.68 × 14.97 =

答えの小計・合計	合計 B に対する構成比率	
小計(6)〜(8)	(6)	(6)〜(8)
	(7)	
	(8)	
小計(9)〜(10)	(9)	(9)〜(10)
	(10)	
合計 B (6)〜(10)		

第　学年　組　番	
名前	

（B）除算問題

（注意）円未満4捨5入，構成比率はパーセントの小数第2位未満4捨5入

1	¥ 213,435 ÷ 4,185 =
2	¥ 8,280 ÷ 360 =
3	¥ 9,143 ÷ 2.26 =
4	¥ 60,606 ÷ 74 =
5	¥ 53,157 ÷ 80.9 =

答えの小計・合計	合計Cに対する構成比率	
小計(1)〜(3)	(1)	(1)〜(3)
	(2)	
	(3)	
小計(4)〜(5)	(4)	(4)〜(5)
	(5)	
合計C(1)〜(5)		

（注意）ペンス未満4捨5入，構成比率はパーセントの小数第2位未満4捨5入

6	£ 15.79 ÷ 17.1 =
7	£ 3,573.58 ÷ 907 =
8	£ 21.52 ÷ 0.32 =
9	£ 6,451.84 ÷ 593 =
10	£ 4,712.43 ÷ 645.8 =

答えの小計・合計	合計Dに対する構成比率	
小計(6)〜(8)	(6)	(6)〜(8)
	(7)	
	(8)	
小計(9)〜(10)	(9)	(9)〜(10)
	(10)	
合計D(6)〜(10)		

	そろばん
	電　卓

第　学年　組　番	
名前	

（解答→別冊 p.50）

		A 乗算		B 除算		C 見取算		普通計算合計点
		正答数	得点	正答数	得点	正答数	得点	
珠算	(1)〜(10)	×10点		×10点		×10点		
電卓	(1)〜(10)	×5点		×5点		×5点		
	小計・合計・構成比率	×5点		×5点		×5点		

（第147回試験）

第147回　ビジネス計算実務検定試験

第3級　普通計算部門 (制限時間 A・B・C 合わせて 30 分)

(C) 見取算問題

(注意) 構成比率はパーセントの小数第2位未満4捨5入

No.	1	2	3	4	5
1	¥ 1,283	¥ 215,346	¥ 4,192,518	¥ 50,261	¥ 947
2	6,907	56,857	80,461	6,712	835
3	8,562	1,412	54,075	359	660
4	40,015	−3,069	6,210	−2,073	741
5	63,498	902,593	789	−415	208
6	35,750	78,074	203,694	87,976	982
7	8,641	−60,942	527,087	189	379
8	72,316	−439,718	932	603	904
9	9,670	88,135	3,748,501	−756	436
10	54,824	7,620	658	−91,364	175
11	27,139		830	190	528
12			959,143	224	310
13			73,396	−580	892
14			2,457	−3,048	703
15			126	827	681
16				945	150
17				438	297
18					659
19					424
20					513
計					

答えの小計合計		
	小計(1)〜(3)	小計(4)〜(5)
	合計 E (1)〜(5)	

合計 E に対する構成比率					
	(1)	(2)	(3)	(4)	(5)
	(1)〜(3)			(4)〜(5)	

(注意) 構成比率はパーセントの小数第2位未満4捨5入

No.	6	7	8	9	10
1	€ 7.25	€ 64,802.79	€ 39.24	€ 8,321.70	€ 158.42
2	5,086.87	326.54	84.53	75.23	9,030.51
3	970.41	510.98	−20.34	1,957.64	526.80
4	49.60	8,942.85	−18.09	24,486.27	983.17
5	8.19	20,693.12	83.65	94.68	−3,714.32
6	1,792.34	761.40	99.78	512.09	607.74
7	24.56	13,035.97	−57.10	65.31	8,291.63
8	406.73	9,184.63	16.47	41.02	−348.95
9	3.02	75,537.08	95.01	803.96	−2,197.36
10	5.98	478.21	62.37	36,167.40	−465.09
11	61.10		74.90	18.59	706.28
12	38.52		−41.72	30.82	5,679.40
13			−35.61	5,049.15	812.54
14			28.26	93.87	
15			60.85		
計					

答えの小計合計	小計(6)〜(8)	小計(9)〜(10)
	合計 F (6)〜(10)	

合計Fに対する構成比率	(6)	(7)	(8)	(9)	(10)
	(6)〜(8)			(9)〜(10)	

第　学年　組　番	
名前	

	そろばん
	電　卓

(C) 見取算得点

総　得　点

(第147回試験)

第147回ビジネス計算実務検定試験

第３級　ビジネス計算部門（制限時間30分）

（注意）答えに端数が生じた場合は（　）内の条件によって処理すること。

(1) £29.85 は円でいくらか。ただし，£1 = ¥180 とする。

答 ＿＿＿＿＿＿＿＿

(2) 701kgは何ポンドか。ただし，1lb = 0.4536kgとする。（ポンド未満4捨5入）

答 ＿＿＿＿＿＿＿＿

(3) ¥810,000 の 68％はいくらか。

答 ＿＿＿＿＿＿＿＿

(4) 元金 ¥430,000 を年利率 1.4％で 9 か月間借りると，期日に支払う利息はいくらか。

答 ＿＿＿＿＿＿＿＿

(5) 1 ダースにつき ¥3,500 の商品を 230 ダース仕入れ，仕入諸掛 ¥37,100 を支払った。諸掛込原価はいくらか。

答 ＿＿＿＿＿＿＿＿

(6) ある金額の 28％増しが ¥908,800 であった。ある金額はいくらか。

答 ＿＿＿＿＿＿＿＿

(7) 原価 ¥640,000 の商品を販売したところ，損失額が ¥102,400 となった。損失額は原価の何パーセントか。

答 ＿＿＿＿＿＿＿＿

(8) ¥950,000 を年利率 2.5％で 46 日間貸すと，期日に受け取る元利合計はいくらか。（円未満切り捨て）

答 ＿＿＿＿＿＿＿＿

(9) 1 箱につき ¥1,200 の商品を仕入れ，代価 ¥540,000 を支払った。仕入数量は何箱か。

答 ＿＿＿＿＿＿＿＿

(10) €16.50 は円でいくらか。ただし，€1 = ¥153 とする。（円未満4捨5入）

答 ＿＿＿＿＿＿＿＿

(11) ¥307,200は¥960,000の何割何分か。

答 ____________________

(12) 元金¥780,000を年利率0.8%で62日間貸し付けると，期日に受け取る利息はいくらか。(円未満切り捨て)

答 ____________________

(13) 325 Lは何米ガロンか。ただし，1米ガロン = 3.785 Lとする。(米ガロン未満4捨5入)

答 ____________________

(14) 予定売価（定価）¥490,000の商品を，予定売価（定価）の7掛で販売した。実売価はいくらか。

答 ____________________

(15) あるイベント会場の先月の入場者数は270,000人で，今月の入場者数は先月より19%減少していた。今月の入場者数は何人か。

答 ____________________

(16) 990ydは何メートルか。ただし，1yd = 0.9144 mとする。(メートル未満4捨5入)

答 ____________________

(17) 予定売価（定価）の21%引きで販売したところ，実売価が¥426,600になった。この商品の予定売価（定価）はいくらか。

答 ____________________

(18) ¥670,000を年利率3.6%で5月2日から7月31日まで借り入れると，期日に支払う元利合計はいくらか。(片落とし，円未満切り捨て)

答 ____________________

(19) ¥5,062は何ドル何セントか。ただし，$1 = ¥141とする。(セント未満4捨5入)

答 ____________________

(20) 10個につき¥8,200の商品を550個仕入れ，仕入原価の17%の利益をみて全部販売した。利益の総額はいくらか。

答 ____________________

第　学年　組　番	
名前	

正答数	総得点
×5点	

(第147回試験)

MEMO

令和６年度版

全国商業高等学校協会主催
ビジネス計算実務検定模擬テスト　３級

解答・解説

・とうほうHPから各種追加データをダウンロードすることができます。
　１．追加模擬試験問題４回分（第９回～第12回）・解答解説
　２．模擬試験の解答用紙（第１回～第12回）
・ダウンロードファイルを開く際にはパスワードが必要となります。詳しくは，解答・解説p.52をご覧ください。

東京法令 とうほう

◆電卓の操作方法

※本問題集で使用している電卓は，学校用（教育用）電卓です。電卓にはさまざまな種類があるため，機種によりキーの種類や配列，操作方法が異なる場合があります。本問題集で説明のないキーや操作方法については，お手持ちの電卓の取扱説明書などをご確認ください。

〔カシオ型電卓〕

ラウンドセレクター　F　CUT　5/4

F　：小数点を処理せず表示する。

CUT：指定した桁で切り捨てる。

5/4：四捨五入する。

小数点/日数計算条件セレクター　5 4 3 2 0 ADD2　片落　両入

5~0：表示する答えの小数位を指定する。

ADD2：入力した数値の下２桁目に自動で小数点をつける。

両入：両端入れを指定する。

片落：片落としを指定する。

GT「＝」で出した計算結果を集計する。

例）(3×5)＋(13×4)＋25＝92

→ 3 × 5 = 13 × 4 = 25 = GT

AC　記憶している数値以外の全ての入力データを消去する。

C　表示している数値を消去する。

M+　数値を加算として記憶する。

M-　数値を減算として記憶する。

MR / RM　記憶されている数値を呼び戻す。

MC / CM　記憶されている数値を消去する。

例）(3×5)＋(3×5)＋6－6＋6＝36

→ 3 × 5 M+ M+　6 M+ M- M+ MR

「＋(3×5)」として記憶　「＋6」として記憶　「－6」として記憶　「＋6」として記憶

・通 常 時：ラウンドセレクターをF

・切り捨て：ラウンドセレクターをCUT

・４捨５入：ラウンドセレクターを5/4

・小数点セレクターを0

・小数点セレクターを2

・小数点セレクターをADD2

・片落とし：日数計算条件セレクターを片落

・両端入れ：日数計算条件セレクターを両入

〔シャープ型電卓〕

両入 片落 両落 ↑ 5/4 ↓

ラウンド/両入・片落・両落スイッチ

↑　：指定した桁で切り上げる。
↓　：指定した桁で切り捨てる。
5/4 ：四捨五入する。
両入 ：両端入れを指定する。
片落 ：片落としを指定する。
両落 ：両端落としを指定する。

F 5 4 3 2 1 0 A

小数部桁数指定（TAB）スイッチ

F　：小数点を処理せず表示する。
5~0 ：表示する答えの小数位を指定する。
A　：入力した数値の下２桁目に自動で小数点をつける。

GT 「＝」で出した計算結果を集計する。

例）(3×5)＋(13×4)＋25＝92
→ 3 × 5 ＝ 13 × 4 ＝ GT ＋ 25 ＝

M+　　数値を加算として記憶する。
M-　　数値を減算として記憶する。
MR / RM　記憶されている数値を呼び戻す。
MC / CM　記憶されている数値を消去する。

例）(3×5)＋(3×5)＋6－6＋6＝36
→ 3 × 5 M+ M+　6 M+ M- M+ MR

「＋(3×5)」として記憶　「＋6」として記憶　「－6」として記憶　「＋6」として記憶

CA　記憶内容も表示している数値も全て消去する。

C　記憶している数値以外の全ての入力データを消去する。

CE　表示している数値を消去する。

・**通　常　時**：小数部桁数指定スイッチ※をF　（F 5 4 3 2 1 0 A）
・**切り捨て**：ラウンドスイッチを↓　（↑ 5/4 ↓）
・**４捨５入**：ラウンドスイッチを5/4　（↑ 5/4 ↓）
・小数部桁数指定スイッチを0　（F 5 4 3 2 1 0 A）
・小数部桁数指定スイッチを2　（F 5 4 3 2 1 0 A）
・小数部桁数指定スイッチをA　（F 5 4 3 2 1 0 A）

・**片落とし**：両入・片落・両落スイッチを片落　（両入 片落 両落 ↑ 5/4 ↓）
・**両端入れ**：両入・片落・両落スイッチを両入　（両入 片落 両落 ↑ 5/4 ↓）

※小数部桁数指定スイッチ…本問題集では「ラウンドセレクター」として表記

◆基本的な内容の確認

1．端数処理

端数処理には，**切り捨て**，**切り上げ**，**四捨五入**などの方法がある。

①**切り捨て**：求める位よりも下位に端数がある場合に，端数を0にする。

例）20.3（小数点以下切り捨て）　→　20

②**切り上げ**：求める位よりも下位に端数がある場合に，求める位に1を足して，端数を0にする。

例）20.3（小数点以下切り上げ）　→　21

③**四捨五入**：求める位の次の位の数が4以下であれば切り捨て，5以上であれば切り上げる。

例）20.3（小数点以下4捨5入）　→　20（4以下のため切り捨て）

　　20.6（小数点以下4捨5入）　→　21（5以上のため切り上げ）

2．日数計算

ある期間の日数が何日あるかを計算するとき，期間の始まる日を**初日**，期間の終わる日を**期日**または**満期日**という。日数計算には**片《かた》落《お》とし**，**両端《りょうは》入《い》れ**，**両端《りょうは》落《お》とし**の3つの方法がある。ある月の1日から5日までの日数計算をそれぞれの方法でおこなうと，次のようになる。

①**片落とし**：初日を算入しない方法。

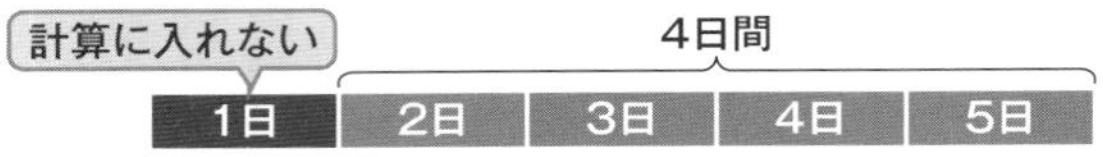

②**両端入れ**：初日も期日も算入する方法。片落としの場合よりも日数計算の結果が1日多くなる。

③**両端落とし**：初日も期日も算入しない方法。片落としの場合よりも日数計算の結果が1日少なくなる。

★各月の日数

月	1月	2月	3月	4月	5月	6月	7月	8月	9月	10月	11月	12月
平　年	31日	28日	31日	30日	31日	30日	31日	31日	30日	31日	30日	31日
うるう年		29日										

3．外国貨幣・度量衡

●貨幣単位名称の例

国　名	通貨単位	記号	補助通貨単位
日　本	円	¥	1円＝100銭
	(銭)		
アメリカ	ドル	$	1ドル＝100セント
	セント	¢	
ドイツ・フランスなど	ユーロ	€	1ユーロ＝100セント
イギリス	ポンド	£	1ポンド＝100ペンス
	ペンス	p	
中　国	元	RMB/¥	1元＝10角
	角		

＊日本の銭は計算上使用されるが，流通していない。

●メートル法の単位とヤード・ポンド法への換算率

1キロメートル	km	1km＝1,000m	0.6214mi(マイル)
1メートル	m	1m＝100cm	1.0936yd(ヤード)
1センチメートル	cm		0.3937in(インチ)
1キロリットル	kℓ	1kℓ＝1,000ℓ	219.969gal(UK)(英ガロン)
			264.172gal(US)(米ガロン)
1リットル	ℓ	1ℓ＝10dℓ	0.2200gal(UK)(英ガロン)
			0.2642gal(US)(米ガロン)
1トン	t	1t＝1,000kg	0.9842ton(UK)(英トン)
			1.1023ton(US)(米トン)
1キログラム	kg	1kg＝1,000g	2.2046lb(ポンド)
1グラム	g		0.0353oz(オンス)

●ヤード・ポンド法の単位とメートル法への換算率

1ヤード	yd	1yd＝3ft	0.9144m
1フィート	ft	1ft＝12in	0.3048m
1インチ	in		2.54cm
1英ガロン	gal(UK)		4.5460ℓ
1米ガロン	gal(US)		3.7854ℓ
1英トン	ton(UK)	1ton(UK)＝2,240lb	1.0160t
1米トン	ton(US)	1ton(US)＝2,000lb	0.9072t
1ポンド	lb	1lb＝16oz	0.4536kg
1オンス	oz		28.3495g

普通計算 練習問題 解答（本冊p.6～）

＝＝＝＝＝＝＝＝＝＝ 例1 対応 ＝＝＝＝＝＝＝＝＝＝

（1）

答 (1)¥323,037 (11.13%)　(2)¥31,840 (1.10%)

(3)¥15,057 (0.52%)

(4)¥2,531,813 (87.20%)　(5)¥1,553 (0.05%)

(1)～(3)小計：¥369,934　構成比：12.74%

(4)～(5)小計：¥2,533,366　構成比：87.26%

(1)～(5)合計：¥2,903,300

(6)$1,326.18 (0.21%)　(7)$78.19 (0.01%)

(8)$4.97 (0.00%)

(9)$631,696.14 (99.76%)　(10)$132.68 (0.02%)

(6)～(8)小計：$1,409.34　構成比：0.22%

(9)～(10)小計：$631,828.82　構成比：99.78%

(6)～(10)合計：$633,238.16

（2）

答 (1)¥13,474,760 (16.85%)　(2)¥1,425,760 (1.78%)

(3)¥17,975 (0.02%)

(4)¥5,697 (0.01%)　(5)¥65,058,950 (81.34%)

(1)～(3)小計：¥14,918,495　構成比：18.65%

(4)～(5)小計：¥65,064,647　構成比：81.35%

(1)～(5)合計：¥79,983,142

(6)€4,698.72 (7.38%)　(7)€413.38 (0.65%)

(8)€4,848.01 (7.62%)

(9)€53,628.41 (84.25%)　(10)€64.43 (0.10%)

(6)～(8)小計：€9,960.11　構成比：15.65%

(9)～(10)小計：€53,692.84　構成比：84.35%

(6)～(10)合計：€63,652.95

（3）

答 (1)¥46 (8.60%)　(2)¥260 (48.60%)

(3)¥50 (9.35%)

(4)¥36 (6.73%)　(5)¥143 (26.73%)

(1)～(3)小計：¥356　構成比：66.54%

(4)～(5)小計：¥179　構成比：33.46%

(1)～(5)合計：¥535

(6)£6.35 (9.45%)　(7)£9.90 (14.73%)

(8)£0.63 (0.94%)

(9)£43.28 (64.40%)　(10)£7.05 (10.49%)

(6)～(8)小計：£16.88　構成比：25.12%

(9)～(10)小計：£50.33　構成比：74.88%

(6)～(10)合計：£67.21

（4）

答 (1)¥63 (3.09%)　(2)¥250 (12.24%)

(3)¥1,504 (73.65%)

(4)¥49 (2.40%)　(5)¥176 (8.62%)

(1)～(3)小計：¥1,817　構成比：88.98%

(4)～(5)小計：¥225　構成比：11.02%

(1)～(5)合計：¥2,042

(6)$5.46 (8.82%)　(7)$12.51 (20.22%)

(8)$3.10 (5.01%)

(9)$0.49 (0.79%)　(10)$40.32 (65.16%)

(6)～(8)小計：$21.07　構成比：34.05%

(9)～(10)小計：$40.81　構成比：65.95%

(6)～(10)合計：$61.88

＝＝＝＝＝＝＝＝＝＝ 例2 対応 ＝＝＝＝＝＝＝＝＝＝

（1）

答 (1)¥259,397 (23.01%)　(2)¥172,313 (15.28%)

(3)¥86,892 (7.71%)

(4)¥398,169 (35.32%)　(5)¥210,704 (18.69%)

(1)～(3)小計：¥518,602　構成比：46.00%

(4)～(5)小計：¥608,873　構成比：54.00%

(1)～(5)合計：¥1,127,475

（2）

答 (1)¥1,146,671 (6.21%)　(2)¥1,106,447 (5.99%)

(3)¥5,799,236 (31.40%)

(4)￥1,958,718 (10.61%)　(5)￥8,456,483(45.79%)

(1)〜(3)小計：￥8,052,354　構成比：43.60%

(4)〜(5)小計：￥10,415,201　構成比：56.40%

(1)〜(5)合計：￥18,467,555

＝＝＝＝＝＝＝＝＝ 例3 対応 ＝＝＝＝＝＝＝＝＝

（1）

答 (1)€72.35 (13.61%)　(2)€101.24(19.04%)

(3)€171.46 (32.25%)

(4)€76.02 (14.30%)　(5)€110.64(20.81%)

(1)〜(3)小計：€345.05　構成比：64.89%

(4)〜(5)小計：€186.66　構成比：35.11%

(1)〜(5)合計：€531.71

（2）

答 (1)£7,930.02 (17.70%)　(2)£8,596.38(19.19%)

(3)£506.32 (1.13%)

(4)£3,621.49 (8.09%)　(5)£24,136.99 (53.89%)

(1)〜(3)小計：£17,032.72　構成比：38.03%

(4)〜(5)小計：£27,758.48　構成比：61.97%

(1)〜(5)合計：£44,791.20

＝＝＝ ビジネス計算の基本トレーニング解答 ＝＝＝

1.端数処理トレーニング

【解答】

円未満切り捨て

① ￥250　② ￥345　③ ￥1,892　④ ￥971

円未満切り上げ

① ￥251　② ￥346　③ ￥1,893　④ ￥972

円未満4捨5入

① ￥250　② ￥346　③ ￥1,892　④ ￥972　⑤ ￥125

⑥ ￥3,477

セント未満4捨5入

① €21.83　② $125.53　③ $350.13　④ €13.28

⑤ €32.14　⑥ $45.12

2.割合のあらわし方トレーニング

【解答】

①	23%	(0.23)	(2割3分)
②	(35%)	0.35	(3割5分)
③	(13%)	(0.13)	1割3分
④	4.3%	(0.043)	(4分3厘)
⑤	(2.1%)	0.021	(2分1厘)
⑥	0.1%	(0.001)	(1厘)
⑦	(20.4%)	(0.204)	2割4厘
⑧	5%	(0.05)	5分
⑨	(0.5%)	0.005	(5厘)
⑩	76.3%	(0.763)	(7割6分3厘)
⑪	40.08%	(0.4008)	4割8毛
⑫	3.4%	(0.034)	(3分4厘)
⑬	(33.3%)	(0.333)	3割3分3厘
⑭	0.76%	(0.0076)	(7厘6毛)

3.補数トレーニング

【解答】

① 0.7　② 0.6　③ 0.74　④ 0.66　⑤ 0.985

⑥ 0.44　⑦ 0.17　⑧ 0.52　⑨ 0.92　⑩ 0.993

4.割増トレーニング

【解答】

① 1.3　② 1.35　③ 1.05　④ 1.23　⑤ 1.203

⑥ 1.06　⑦ 1.1　⑧ 1.05　⑨ 1.025　⑩ 1.013

⑪ 1.0405　⑫ 1.006

5.日数計算の基本トレーニング

【解答】

① 31日　② 31日　③ 31日　④ 30日　⑤ 31日

⑥ 31日　⑦ 31日　⑧ 30日　⑨ 31日　⑩ 30日

⑪ 30日　⑫ 29日　⑬ 28日

ビジネス計算 練習問題 解答・解説（本冊p.16～）

1．割合に関する計算（p.16）

＝＝＝＝＝＝＝ 例1－例3 に対応 ＝＝＝＝＝＝＝

（1）¥153,600

解　¥320,000×0.48＝¥153,600
　基準量 × 割合 ＝ 比較量

電　320000×.48＝　／　320000×48%

（2）¥113,400

解　¥140,000×0.81＝¥113,400
　基準量 × 割合 ＝ 比較量

電　140000×.81＝　／　140000×81%

（3）42%

解　¥155,400÷¥370,000＝0.42（42%）
　比較量 ÷ 基準量 ＝ 割合

電　155400÷370000%

（4）9割2分

解　¥552,000÷¥600,000＝0.92（9割2分）
　比較量 ÷ 基準量 ＝ 割合

電　552000÷600000%　（92%＝9割2分）

（5）¥290,000

解　¥101,500÷0.35＝¥290,000
　比較量 ÷ 割合 ＝ 基準量

電　101500÷.35＝　／　101500÷35%

（6）¥480,000

解　¥345,600÷0.72＝¥480,000
　比較量 ÷ 割合 ＝ 基準量

電　345600÷.72＝　／　345600÷72%

＝＝＝＝＝＝＝ 例4－例9 に対応 ＝＝＝＝＝＝＝

（1）¥730,000

解　¥500,000×（1＋0.46）＝¥730,000
　基準量 ×（1＋増加率）＝ 割増の結果

電　共通　500000×1.46＝　／　500000×146%
　C型　500000×46%＋
　S型　500000×46%＋＝　／　500000＋46%

（2）¥384,100

解　¥230,000×（1＋0.67）＝¥384,100
　基準量 ×（1＋増加率）＝ 割増の結果

電　共通　230000×1.67＝　／　230000×167%
　C型　230000×67%＋
　S型　230000×67%＋＝　／　230000＋67%

（3）¥147,900

解　¥170,000×（1－0.13）＝¥147,900
　基準量 ×（1－減少率）＝ 割引の結果

電　0.13の補数は0.87なので，
　共通　170000×.87＝　／　170000×87%
　C型　170000×13%－
　S型　170000×13%－＝　／　170000－13%

（4）¥104,000

解　¥650,000×（1－0.84）＝¥104,000
　基準量 ×（1－減少率）＝ 割引の結果

電　0.84の補数は0.16なので，
　共通　650000×.16＝　／　650000×16%
　C型　650000×84%－
　S型　650000×84%－＝　／　650000－84%

（5）¥400,000

解　¥556,000÷（1＋0.39）＝¥400,000
　割増の結果 ÷（1＋増加率）＝ 基準量

電　556000÷1.39＝　／　556000÷139%

（6）¥750,000

解　¥945,000÷（1＋0.26）＝¥750,000
　割増の結果 ÷（1＋増加率）＝ 基準量

電　945000÷1.26＝　／　945000÷126%

（7）¥550,000

解　¥236,500÷（1－0.57）＝¥550,000
　割引の結果 ÷（1－減少率）＝ 基準量

電　0.57の補数は0.43なので，
　236500÷.43＝　／　236500÷43%

（8）¥270,000

解　¥186,300÷（1－0.31）＝¥270,000
　割引の結果 ÷（1－減少率）＝ 基準量

電　0.31の補数は0.69なので，
　186300÷.69＝　／　186300÷69%

（9）8割5分（増し）

解　（¥592,000－¥320,000）÷¥320,000＝0.85（8割5分）
　「¥272,000（増加量）は¥320,000の何割何分か」という割合の計算と捉えることができる。
そのため，比較量（¥272,000）÷基準量（¥320,000）＝割合より，上記の式となる。

電 592000[−]320000[÷]320000[%]（85％＝8割5分）

(10) 11％（増し）

解 （¥976,800－¥880,000）÷¥880,000＝0.11（11％）

電 976800[−]880000[÷]880000[%]

(11) 1割8分（引き）

解 （¥810,000－¥664,200）÷¥810,000＝0.18（1割8分）

電 810000[−]664200[÷]810000[%]（18％＝1割8分）

(12) 41％（引き）

解 （¥780,000－¥460,200）÷¥780,000＝0.41（41％）

電 780000[−]460200[÷]780000[%]

2．度量衡と外国貨幣の計算（p.20）

＝＝＝＝＝＝＝＝＝ 例1－例2 対応 ＝＝＝＝＝＝＝＝＝

（1） 137m

解 0.9144m×150yd＝137.16m（4捨5入により，137m）
換算率 × 被換算高 ＝ 換算高

電 ラウンドセレクターを5/4，小数点セレクターを0に設定
.9144[×]150[=]

（2） 113m

解 0.3048m×370ft＝112.776m（4捨5入により，113m）
換算率 × 被換算高 ＝ 換算高

電 ラウンドセレクターを5/4，小数点セレクターを0に設定
.3048[×]370[=]

（3） 61kg

解 0.4536kg×135lb＝61.236kg（4捨5入により，61kg）
換算率 × 被換算高 ＝ 換算高

電 ラウンドセレクターを5/4，小数点セレクターを0に設定
.4536[×]135[=]

（4） 2,271 L

解 3.785L×600米ガロン＝2,271L
換算率 × 被換算高 ＝ 換算高

電 3.785[×]600[=]

（5） 37英ガロン

解 170L÷4.546L＝37.3…英ガロン
（4捨5入により，37英ガロン）
被換算高 ÷ 換算率 ＝ 換算高

電 ラウンドセレクターを5/4，小数点セレクターを0に設定
170[÷]4.546[=]

（6） 15 yd

解 13.716m÷0.9144m＝15yd
被換算高 ÷ 換算率 ＝ 換算高

電 13.716[÷].9144[=]

（7） 150 lb

解 68.04kg÷0.4536kg＝150lb
被換算高 ÷ 換算率 ＝ 換算高

電 68.04[÷].4536[=]

＝＝＝＝＝＝＝＝＝ 例3－例4 対応 ＝＝＝＝＝＝＝＝＝

（1） ¥4,770

解 ¥106×＄45＝¥4,770
換算率 × 被換算高 ＝ 換算高

電 106[×]45[=]

（2） ¥3,776

解 ¥107×＄35.29＝¥3,776.03（4捨5入により，¥3,776）

電 ラウンドセレクターを5/4，小数点セレクターを0に設定
107[×]35.29[=]

（3） ¥9,573

解 ¥175×￡54.70＝¥9,572.5（4捨5入により，¥9,573）
換算率 × 被換算高 ＝ 換算高

電 ラウンドセレクターを5/4，小数点セレクターを0に設定
175[×]54.70[=]

（4） €141.67

解 ¥17,000÷¥120＝€141.666…
（セント未満4捨5入により，€141.67）
被換算高 ÷ 換算率 ＝ 換算高

電 ラウンドセレクターを5/4，小数点セレクターを2に設定
17000[÷]120[=]

（5） $208.70

解 ¥24,000÷¥115＝$208.695…
（セント未満4捨5入により，$208.70）
被換算高 ÷ 換算率 ＝ 換算高

電 ラウンドセレクターを5/4，小数点セレクターを2に設定
24000[÷]115[=]

（6） ￡131.63

解 ¥25,800÷¥196＝￡131.632…
（ペンス未満4捨5入により，￡131.63）
被換算高 ÷ 換算率 ＝ 換算高

電 ラウンドセレクターを5/4，小数点セレクターを2に設定

25800[÷]196[=]

3．売買・損益の計算（p.24）

＝＝＝＝＝＝＝＝ 例1－例3 対応 ＝＝＝＝＝＝＝＝

（1）¥100,800

[解]　$¥5,600 \times \frac{360\text{個}}{20\text{個}} = ¥100,800$

または（¥5,600÷20個）×360個＝¥100,800

$\text{建値} \times \frac{\text{取引数量}}{\text{単位数量（建）}} = \text{商品代金}$

[電]　5600[×]360[÷]20[=]　／　5600[÷]20[×]360[=]

（2）¥18,000

[解]　¥3,600×5ダース＝¥18,000

単価 × 取引数量 ＝ 商品代金

[電]　3600[×]5[=]

（3）¥32,500

[解]　$¥500 \times \frac{650\text{L}}{10\text{L}} = ¥32,500$

または（¥500÷10L）×650L＝¥32,500

$\text{建値} \times \frac{\text{取引数量}}{\text{単位数量（建）}} = \text{商品代金}$

[電]　500[×]650[÷]10[=]　／　500[÷]10[×]650[=]

（4）¥36,000

[解]　$¥800 \times \frac{450\text{kg}}{10\text{kg}} = ¥36,000$

または（¥800÷10kg）×450kg＝¥36,000

$\text{建値} \times \frac{\text{取引数量}}{\text{単位数量（建）}} = \text{商品代金}$

[電]　800[×]450[÷]10[=]　／　800[÷]10[×]450[=]

（5）100m

[解]　¥48,000÷（¥2,400÷5m）＝100m

商品代金 ÷ 単価 ＝ 取引数量

[電]　C型　2400[÷]5[=]48000[÷][GT][=]／2400[÷]5[÷][÷]48000[=]

S型　2400[÷]5[=]48000[÷][GT][=]

（6）675kg

[解]　¥54,000÷（¥240÷3kg）＝675kg

商品代金 ÷ 単価 ＝ 取引数量

[電]　C型　240[÷]3[=]54000[÷][GT][=]／240[÷]3[÷][÷]54000[=]

S型　240[÷]3[=]54000[÷][GT][=]

＝＝＝＝＝＝＝＝ 例4－例6 対応 ＝＝＝＝＝＝＝＝

（1）¥160,300

[解]　¥135,700＋¥24,600＝¥160,300

商品代金 ＋ 仕入諸掛 ＝ 仕入原価（諸掛込原価）

[電]　135700[+]24600[=]

（2）¥3,160,000

[解]　¥2,570,000＋¥590,000＝¥3,160,000

商品代金＋仕入諸掛＝仕入原価（諸掛込原価）

[電]　2570000[+]590000[=]

（3）¥592,120

[解]　¥564,000＋（¥25,300＋¥2,820）＝¥592,120

商品代金 ＋ 仕入諸掛 ＝ 仕入原価（諸掛込原価）

[電]　564000[+]25300[+]2820[=]

（4）¥513,670

[解]　¥498,000＋¥13,500＋¥2,170＝¥513,670

商品代金＋仕入諸掛＝仕入原価（諸掛込原価）

[電]　498000[+]13500[+]2170[=]

（5）¥298,000

[解]　$\left(¥760 \times \frac{350\text{kg}}{1\text{kg}}\right) + ¥32,000 = ¥298,000$

$\left(\text{建値} \times \frac{\text{取引数量}}{\text{単位数量（建）}}\right) + \text{仕入諸掛} = \text{仕入原価(諸掛込原価)}$

[電]　760[×]350[+]32000[=]

（6）¥1,022,950

[解]　$\left(¥1,750 \times \frac{560\text{パック}}{1\text{パック}}\right) + ¥42,950 = ¥1,022,950$

$\left(\text{建値} \times \frac{\text{取引数量}}{\text{単位数量（建）}}\right) + \text{仕入諸掛} = \text{仕入原価(諸掛込原価)}$

[電]　1750[×]560[+]42950[=]

＝＝＝＝＝＝＝＝ 例7－例9 対応 ＝＝＝＝＝＝＝＝

（1）¥22,500

[解]　¥150,000×0.15＝¥22,500

仕入原価 × 見込利益率 ＝ 見込利益額

[電]　150000[×].15[=]　／　150000[×]15[%]

（2）¥41,340

[解]　（¥246,000＋¥72,000）×0.13＝¥41,340

仕入原価（諸掛込原価）× 見込利益率 ＝ 見込利益額

[電]　246000[+]72000[×].13[=]　／　246000[+]72000[×]13[%]

（3）¥75,000

[解]　¥19,500÷0.26＝¥75,000

見込利益額 ÷ 見込利益率 ＝ 仕入原価

[電]　19500[÷].26[=]　／　19500[÷]26[%]

（4）¥18,000

[解]　¥2,700÷0.15＝¥18,000

見込利益額 ÷ 見込利益率 ＝ 仕入原価

電　2700÷.15=　／　2700÷15%

（5）¥478,800

解　¥420,000×（1＋0.14）＝¥478,800
仕入原価 ×（1＋見込利益率）＝ 予定売価

電　共通　420000×1.14=　／　420000×114%
C型　420000×14% +
S型　420000×14% + =　／　420000+14%

（6）¥675,000

解　¥540,000×（1＋0.25）＝¥675,000
仕入原価 ×（1＋見込利益率）＝ 予定売価

電　共通　540000×1.25=　／　540000×125%
C型　540000×25% +
S型　540000×25% + =　／　540000+25%

＝＝＝＝＝＝＝＝ 例10－例12 対応 ＝＝＝＝＝＝＝＝

（1）12.4%

解　¥80,600÷¥650,000＝0.124（12.4%）
見込利益額 ÷ 仕入原価 ＝ 見込利益率

電　80600÷650000%

（2）24.5%

解　（¥203,000－¥163,000）÷¥163,000＝0.2453…
（4捨5入により，24.5%）
見込利益額 ÷ 仕入原価 ＝ 見込利益率

電　ラウンドセレクターを5/4，小数点セレクターを1に設定
203000−163000÷163000%

（3）14.2%

解　¥127,800÷（¥820,000＋¥80,000）＝0.142（14.2%）
見込利益額 ÷ 仕入原価 ＝ 見込利益率

電　C型　820000+80000=127800÷ GT %　／
820000+80000÷ ÷127800%
S型　820000+80000=127800÷ GT %

（4）¥310,000

解　¥353,400÷（1＋0.14）＝¥310,000
予定売価 ÷（1＋見込利益率）＝ 仕入原価

電　353400÷1.14=　／　353400÷114%

（5）¥40,440

解　（¥2,400×13ダース＋¥2,500）×（1＋0.20）＝¥40,440
諸掛込原価 ×（1＋見込利益率）＝ 実売価の総額

電　共通　2400×13+2500×1.2=／2400×13+2500×120%
C型　2400×13+2500×20% +
S型　2400×13+2500×20% + =　／
2400×13+2500+20%

＝＝＝＝＝＝＝＝ 例13－例16 対応 ＝＝＝＝＝＝＝＝

（1）¥86,800

解　¥280,000×0.31＝¥86,800
予定売価 × 値引率 ＝ 値引額

電　280000×.31=　／　280000×31%

（2）¥87,500

解　¥350,000×0.25＝¥87,500
予定売価 × 値引率 ＝ 値引額

電　350000×.25=　／　350000×25%

（3）¥770,000

解　¥84,700÷0.11＝¥770,000
公式より，予定売価 × 値引率 ＝ 値引額 のため，
値引額 ÷ 値引率 ＝ 予定売価

電　84700÷.11=　／　84700÷11%

（4）14%

解　¥37,240÷¥266,000＝0.14（14%）
値引額 ÷ 予定売価 ＝ 値引率

電　37240÷266000%

（5）23%

解　（¥150,000－¥115,500）÷¥150,000＝0.23（23%）
値引額 ÷ 予定売価 ＝ 値引率

電　150000−115500÷150000%

＝＝＝＝＝＝＝＝ 例17－例20 対応 ＝＝＝＝＝＝＝＝

（1）¥287,000

解　¥350,000×（1－0.18）＝¥287,000
予定売価 ×（1－値引率）＝ 実売価

電　0.18の補数は0.82なので，
共通　350000×.82=　／　350000×82%
C型　350000×18% −
S型　350000×18% − =　／　350000−18%

（2）¥319,200

解　¥420,000×（1－0.24）＝¥319,200
予定売価 ×（1－値引率）＝ 実売価

電　0.24の補数は0.76なので，
共通　420000×.76=　／　420000×76%
C型　420000×24% −
S型　420000×24% − =　／　420000−24%

（3）¥109,600

解　¥137,000×0.8＝¥109,600
「予定売価の8掛」は「予定売価の80%」を意味するため，

予定売価 × 割合 = 実売価　となる。

電　137000[×].8[=]　/　137000[×]80[%]

（4）¥592,500

解　¥790,000×0.75＝¥592,500

電　790000[×].75[=]　/　790000[×]75[%]

（5）¥167,000

解　予定売価×割合＝実売価のため，
予定売価＝実売価÷割合となる。
よって，¥108,550÷0.65＝¥167,000

電　108550[÷].65[=]

（6）¥280,000

解　予定売価×割合＝実売価のため，
予定売価＝実売価÷割合となる。
よって，¥196,000÷0.7＝¥280,000

電　196000[÷].7[=]

（7）¥91,000

解　¥83,720÷（1－0.08）＝¥91,000
公式より，予定売価 ×（1 － 値引率）= 実売価　のため，
実売価 ÷（1 － 値引率）= 予定売価

電　0.08の補数は0.92なので，
83720[÷].92[=]　/　83720[÷]92[%]

（8）¥13,000

解　¥8,450÷（1－0.35）＝¥13,000
公式より，予定売価 ×（1 － 値引率）= 実売価　のため，
実売価 ÷（1 － 値引率）= 予定売価

電　0.35の補数は0.65なので，
8450[÷].65[=]　/　8450[÷]65[%]

4．利息の計算（p.36）

＝＝＝＝＝＝＝＝＝ 例1 － 例2 対応 ＝＝＝＝＝＝＝＝＝

（1）137日

解　3月　31日－5日＝26日
4月　30日
5月　31日
6月　30日
7月　20日
137日（片落とし）
（31－5）＋30＋31＋30＋20＝137日

電　31[－]5[＋]30[＋]31[＋]30[＋]20[=]（137日）
または，「日数計算条件セレクター」を「片落とし」に設定し，
C型　3[日数]5[÷]7[日数]20[=]（137日）
S型　3[日数]5[%]7[日数]20[=]（137日）

（2）73日

解　4月　30日－5日＝25日
5月　31日
6月　17日
73日（片落とし）
（30－5）＋31＋17＝73日

電　30[－]5[＋]31[＋]17[=]
または，日数計算条件セレクターを「片落とし」に設定し，
C型　4[日数]5[÷]6[日数]17[=]（73日）
S型　4[日数]5[%]6[日数]17[=]（73日）

（3）114日

解　5月　31日－3日＝28日
6月　30日
7月　31日
8月　24日
113日（片落とし）
＋1日
114日（両端入れ）
（31－3）＋30＋31＋24＋1＝114日

電　31[－]3[＋]30[＋]31[＋]24[＋]1[=]（114日）
または，「日数計算条件セレクター」を「両端入れ」に設定し，
C型　5[日数]3[÷]8[日数]24[=]（114日）
S型　5[日数]3[%]8[日数]24[=]（114日）
または，「日数計算条件セレクター」を「片落とし」に設定し，
C型　5[日数]3[÷]8[日数]24[＋]1[=]（114日）
（両端入れのため＋1日）
S型　5[日数]3[%]8[日数]24[=][＋]1[=]（114日）
（両端入れのため＋1日）

（4）66日

解　2月　28日－4日＝24日
3月　31日
4月　11日
66日（片落とし）
（28－4）＋31＋11＝66日

電　28[－]4[＋]31[＋]11[=]（66日）
または，「日数計算条件セレクター」を「片落とし」に設定し，
C型　2[日数]4[÷]4[日数]11[=]（66日）
S型　2[日数]4[%]4[日数]11[=]（66日）

（5）83日

解　2月　29日－14日＝15日
3月　31日
4月　30日
5月　6日
82日（片落とし）
＋1日
83日（両端入れ）
（29－14）＋31＋30＋6＋1＝83日

[電]　29[−]14[+]31[+]30[+] 6 [+] 1 [=]（83日）
または，「日数計算条件セレクター」を「両端入れ」に設定し，
C型　2 [日数]14[÷] 5 [日数] 6 [+] 1 [=]（83日）
（うるう年のため＋ 1 日）
S型　2 [日数]14[%] 5 [日数] 6 [=] [+] 1 [=]（83日）
（うるう年のため＋ 1 日）

または，「日数計算条件セレクター」を「片落とし」に設定し，
C型　2 [日数]14[÷] 5 [日数] 6 [+] 2 [=]（83日）
（うるう年，両端入れのため＋ 2 日）
S型　2 [日数]14[%] 5 [日数] 6 [=] [+] 2 [=]（83日）
（うるう年，両端入れのため＋ 2 日）

（6）72日

[解]　12月　31日－26日＝ 5 日
1 月　31日
2 月　28日
8 月　7 日
71日（片落とし）
＋ 1 日
72日（両端入れ）
（31－26）＋31＋28＋ 7 ＋ 1 ＝72日
[電]　31[−] 3 [+]30[+]31[+]24[+] 1 [=]
または，日数計算条件セレクターを「片落とし」のままにし，
C型　12[日数]26[÷] 3 [日数] 7 [+] 1 [=]
（両端入れのため＋ 1 日）
S型　12[日数]26[%] 3 [日数] 7 [=] [+] 1 [=]
（両端入れのため＋ 1 日）
または，「日数計算条件セレクター」を「両端入れ」に設定し，
C型　12[日数]26[÷] 3 [日数] 7 [=]
S型　12[日数]26[%] 3 [日数] 7 [=]

（7）121日

[解]　11月　30日－14日＝16日
12月　31日
1 月　31日
2 月　29日（うるう年）
3 月　14日
121日（片落とし）
（30－14）＋31＋31＋29＋14＝121日
[電]　30[−]14[+]31[+]31[+]29[+]14[=]
または，日数計算条件セレクターを「片落とし」のままにし，
C型　11□日数14[÷] 3 □日数14[+] 1 [=]
（うるう年のため＋ 1 日）
S型　11□日数14[%] 3 □日数14[=] [+] 1 [=]
（うるう年のため＋ 1 日）

＝＝＝＝＝＝＝＝＝ **例 3** － **例 4** 対応 ＝＝＝＝＝＝＝＝

（1）¥67,200

[解]　¥560,000×0.04× 3 年＝¥67,200
元金 × 年利率 × 年数 ＝ 利息
[電]　560000[×].04[×] 3 [=]　／　560000[×] 4 [%] [×] 3 [=]

（2）¥2,432

[解]　¥370,000×0.02× $\frac{\text{120日}}{\text{365日}}$ ＝¥2,432.8…
（切り捨てにより，¥2,432）
元金 × 年利率 × $\frac{\text{日数}}{\text{365日}}$ ＝ 利息
[電]　ラウンドセレクターをCUT（S型は↓），小数点セレクターを 0 に設定
370000[×].02[×]120[÷]365[=]／370000[×] 2 [%] [×]120[÷]365[=]

（3）¥17,500

[解]　¥600,000×0.05× $\frac{\text{7 か月}}{\text{12か月}}$ ＝¥17,500
元金 × 年利率 × $\frac{\text{月数}}{\text{12か月}}$ ＝ 利息
[電]　600000[×].05[×] 7 [÷]12[=]／600000[×] 5 [%] [×] 7 [÷]12[=]

（4）¥13,500

[解]　¥360,000×0.03× $\frac{\text{15か月}}{\text{12か月}}$ ＝¥13,500
元金 × 年利率 × $\frac{\text{月数}}{\text{12か月}}$ ＝ 利息
[電]　360000[×].03[×]15[÷]12[=]／360000[×] 3 [%] [×]15[÷]12[=]

（5）¥1,000

[解]　¥40,000×0.06× $\frac{\text{5 か月}}{\text{12か月}}$ ＝¥1,000
元金 × 年利率 × $\frac{\text{月数}}{\text{12か月}}$ ＝ 利息
[電]　40000[×].06[×] 5 [÷]12[=]／40000[×] 6 [%] [×] 5 [÷]12[=]

（6）¥3,128

[解]　4 月　30日－ 5 日＝25日
5 月　31日
6 月　12日
68日（片落とし）
（30－ 5 ）＋31＋12＝68日
¥730,000×0.023× $\frac{\text{68日}}{\text{365日}}$ ＝¥3,128
元金 × 年利率 × $\frac{\text{日数}}{\text{365日}}$ ＝ 利息
[電]　**①日数の計算**
30[−] 5 [+]31[+]12[=]（68日）
または，「日数計算条件セレクター」を「片落とし」に設定し，
C型　4 [日数] 5 [÷] 6 [日数]12[=]（68日）
S型　4 [日数] 5 [%] 6 [日数]12[=]（68日）
②利息の計算

730000×.023×68÷365=/730000×2.3%×68÷365=

(7) ¥652,404

解　(¥650,000×0.03×$\frac{45日}{365日}$)+¥650,000=¥652,404.1…
利息 + 元金 = 元利合計
または，¥650,000×(1+0.03×$\frac{45日}{365日}$)=¥652,404.1…
元金 ×（1＋年利率×期間）= 元利合計

電　ラウンドセレクターをCUT（S型は↓），小数点セレクターを0に設定
650000M+ ×.03×45÷365（=）M+ MR ／
650000M+ ×3% ×45÷365（=）M+ MR
※S型はMRの代わりにRM　※答案記入後，MC（S型はCM）

(8) ¥50,250

解　(¥50,000×0.015×$\frac{4か月}{12か月}$)+¥50,000=¥50,250
利息 + 元金 = 元利合計
または，¥50,000×(1+0.015×$\frac{4か月}{12か月}$)=¥50,250
元金 ×（1＋年利率×期間）= 元利合計

電　50000M+ ×.015×4÷12（=）M+ MR ／
50000M+ ×1.5% ×4÷12（=）M+ MR
※S型はMRの代わりにRM　※答案記入後，MC（S型はCM）

(9) ¥259,440

解　(¥240,000×0.027×3年)+¥240,000=¥259,440
利息 + 元金 = 元利合計
または，¥240,000×(1+0.027×3年)=¥259,440
元金 ×（1＋年利率×期間）= 元利合計

電　240000M+ ×.027×3（=）M+ MR ／
240000M+ ×2.7% ×3（=）M+ MR
※S型はMRの代わりにRM　※答案記入後，MC（S型はCM）

(10) ¥37,260

解　(¥36,000×0.015×$\frac{28か月}{12か月}$)+¥36,000=¥37,260
利息 + 元金 = 元利合計
または，¥36,000×(1+0.015×$\frac{28か月}{12か月}$)=¥37,260
元金 ×（1＋年利率×期間）= 元利合計

電　36000M+ ×.015×28÷12（=）M+ MR ／
36000M+ ×1.5% ×28÷12（=）M+ MR
※S型はMRの代わりにRM　※答案記入後，MC（S型はCM）

(11) ¥481,709

解　2月　29日－6日＝23日
3月　31日
4月　11日
65日（片落とし）
(29－6)＋31＋11＝65日
(¥480,000×0.02×$\frac{65日}{365日}$)+¥480,000=¥481,709.5…
（切り捨てにより，¥481,709）
利息 + 元金 = 元利合計
または，¥480,000×(1+0.02×$\frac{65日}{365日}$)=¥481,709.5…
（切り捨てにより，¥481,709）
元金 ×（1＋年利率×期間）= 元利合計

電　**①日数の計算**
29－6＋31＋11=（65日）
または，「日数計算条件セレクター」を「片落とし」に設定し，
C型　2日数6÷4日数11＋1=（65日）
（うるう年のため＋1日）
S型　2日数6%4日数11=＋1=（65日）
（うるう年のため＋1日）
②元利合計の計算
ラウンドセレクターをCUT（S型は↓），小数点セレクターを0に設定
480000M+ ×.02×65÷365（=）M+ MR ／
480000M+ ×2% ×65÷365（=）M+ MR
※S型はMRの代わりにRM　※答案記入後，MC（S型はCM）

第１回模擬試験問題　解答・解説（本冊 p.54）

（A）乗算問題　　［　］珠算・電卓採点箇所　● 電卓のみ採点箇所

1	¥187,408	●¥1,651,962	2.56%	22.54%
2	¥1,459,920		19.92%	
3	¥4,634		●0.06%	
4	¥5,632,796	¥5,677,686	76.85%	●77.46%
5	¥44,890		●0.61%	
		●¥7,329,648		

6	€16.90	€7,408.52	●0.01%	●2.73%
7	€2,832.84		1.05%	
8	€4,558.78		1.68%	
9	€103.76	●€263,615.91	●0.04%	97.27%
10	€263,512.15		97.23%	
		●€271,024.43		

珠算各10点，100点満点　　電卓各５点，100点満点

（B）除算問題

1	¥391	¥1,125	4.41%	●12.69%
2	¥25		●0.28%	
3	¥709		8.00%	
4	¥675	●¥7,743	7.61%	87.31%
5	¥7,068		●79.70%	
		●¥8,868		

6	$5.15	●$60.47	4.87%	57.23%
7	$48.23		●45.64%	
8	$7.09		6.71%	
9	$33.48	$45.20	●31.68%	●42.77%
10	$11.72		11.09%	
		●$105.67		

珠算各10点，100点満点　　電卓各５点，100点満点

（C）見取算問題

No.	1	2	3	4	5
計	¥989,645	¥167,907	¥53,872	¥4,203	¥8,237,280
小計	●¥1,211,424			¥8,241,483	
合計	●¥9,452,907				
答え比率	10.47%	●1.78%	0.57%	●0.04%	87.14%
小計比率	●12.82%			87.18%	

No.	6	7	8	9	10
計	£5,758.19	£755.33	£181,669.63	£143,129.70	£408.46
小計	£188,183.15			●£143,538.16	
合計	●£331,721.31				
答え比率	●1.74%	0.23%	54.77%	43.15%	●0.12%
小計比率	●56.73%			43.27%	

珠算各10点，100点満点　　電卓各５点，100点満点

ビジネス計算部門

(1)　¥502,200

(2)　€34.27

(3)　741m

(4)　¥988

(5)　¥39,760

(6)　¥9,342

(7)　¥679,460

(8)　¥856,800

(9)　950パック

(10)　2割7分

(11)　34英トン

(12)　¥454,075

(13)　¥11,640

(14)　¥522,500

(15)　361,200人

(16)　24%

(17)　$467,500

(18)　66kg

(19)　¥3,235

(20)　¥1,121,280

第１回ビジネス計算部門解説

(1) ¥502,200

解 ¥620,000×0.81＝¥502,200
基準量 × 割合 ＝ 比較量

電 620000[×].81[=] ／ 620000[×]81[%]

(2) €34.27

解 ¥4,284÷¥125＝€34.272
（セント未満４捨５入により，€34.27）
被換算高 ÷ 換算率 ＝ 換算高

電 ラウンドセレクターを5/4，小数点セレクターを２に設定
4284[÷]125[=]

(3) 741m

解 0.3048m×2,430ft＝740.664m（４捨５入により，741m）
換算率 × 被換算高 ＝ 換算高

電 ラウンドセレクターを5/4，小数点セレクターを０に設定
.3048[×]2430[=]

(4) ¥988

解 ¥320,000×0.024×$\frac{47日}{365日}$＝¥988.9…
（切り捨てにより，¥988）
元金 × 年利率 × $\frac{日数}{365日}$ ＝ 利息

電 ラウンドセレクターをCUT（Ｓ型は↓），小数点セレクターを０に設定
320000[×].024[×]47[÷]365[=] ／ 320000[×]2.4[%] [×]47[÷]365[=]

(5) ¥39,760

解 ¥568,000×0.07＝¥39,760
予定売価 × 値引率 ＝ 値引額

電 568000[×].07[=] ／ 568000[×]７[%]

(6) ¥9,342

解 ¥108×＄86.50＝¥9,342
換算率 × 被換算高 ＝ 換算高

電 108[×]86.50[=]

(7) ¥679,460

解 （¥1,440×450枚）＋¥31,460＝¥679,460
商品代金 ＋ 仕入諸掛 ＝ 仕入原価（諸掛込原価）

電 1440[×]450[+]31460[=]

(8) ¥856,800

解 （¥850,000×0.016×$\frac{6か月}{12か月}$）＋¥850,000＝¥856,800
利息 ＋ 元金 ＝ 元利合計
または，¥850,000×（１＋0.016×$\frac{6か月}{12か月}$）＝¥856,800
元金 ×（１＋年利率×期間）＝ 元利合計

電 850000[M+] [×].016[×]６[÷]12（[=]）[M+] [MR] ／
850000[M+] [×]1.6[%] [×]６[÷]12（[=]）[M+] [MR]
※S型は[MR]の代わりに[RM]　※答案記入後，[MC]（S型は[CM]）

(9) 950パック

解 ¥228,000÷¥240＝950パック
商品代金 ÷ 単価 ＝ 取引数量

電 228000[÷]240[=]

(10) ２割７分

解 ¥345,600÷¥1,280,000＝0.27（２割７分）
比較量 ÷ 基準量 ＝ 割合

電 345600[÷]1280000[%]（27％＝２割７分）

(11) 34英トン

解 34,200kg÷1,016kg＝33.6…英トン
（４捨５入により，34英トン）
被換算高 ÷ 換算率 ＝ 換算高

電 ラウンドセレクターを5/4，小数点セレクターを０に設定
34200[÷]1016[=]

(12) ¥454,075

解 （¥450,000×0.038×$\frac{87日}{365日}$）＋¥450,000＝¥454,075.8…
利息＋元金＝元利合計　（切り捨てにより，¥454,075）
または，¥450,000×（１＋0.038×$\frac{87日}{365日}$）＝¥454,075.8…
（切り捨てにより，¥454,075）
元金×（１＋年利率×期間）＝元利合計

電 ラウンドセレクターをCUT（Ｓ型は↓），小数点セレクターを０に設定
450000[M+] [×].038[×]87[÷]365（[=]）[M+] [MR] ／
450000[M+] [×]3.8[%] [×]87[÷]365（[=]）[M+] [MR]
※S型は[MR]の代わりに[RM]　※答案記入後，[MC]（S型は[CM]）

(13) ¥11,640

解 ¥148×￡78.65＝¥11,640.2（４捨５入により，¥11,640）
換算率 × 被換算高 ＝ 換算高

電 ラウンドセレクターを5/4，小数点セレクターを０に設定
148[×]78.65[=]

(14) ¥522,500

解 ¥418,000÷0.8＝¥522,500
「予定売価の８掛」は「予定売価の80％」を意味するため，
予定売価 × 割合 ＝ 実売価　より，
実売価 ÷ 割合 ＝ 予定売価　となる。

電 418000[÷].8[=] ／ 418000[÷]80[%]

(15) 361,200人

解 420,000人×（１－0.14）＝361,200人
基準量 ×（１－減少率）＝ 割引の結果

電　0.14の補数は0.86なので，

共通　420000×.86=　／　420000×86%

C型　420000×14%　−

S型　420000×14%　−　=　／　420000−14%

(16)　24%

解　¥156,000÷¥650,000＝0.24（24%）

利益額 ÷ 仕入原価 ＝ 利益率

電　156000÷650000%

(17)　¥467,500

解　¥550,000×（１−0.15）＝¥467,500

基準量 ×（１− 減少率）＝ 割引の結果

電　0.15の補数は0.85なので，

共通　550000×.85=　／　550000×85%

C型　550000×15%　−

S型　550000×15%　−　=　／　650000−15%

(18)　66kg

解　0.4536kg×146lb＝66.2256kg

（４捨５入により，66kg）

換算率 × 被換算高 ＝ 換算高

電　ラウンドセレクターを5/4，小数点セレクターを０に設定

.4536×146=

(19)　¥3,235

解　６月　30日−23日＝７日

７月　31日

８月　３日

41日（片落とし）

（30−23）＋31＋３＝41日

$¥960,000 \times 0.03 \times \frac{41\text{日}}{365\text{日}} = ¥3,235.0\cdots$

（切り捨てにより，¥3,235）

$\text{元金} \times \text{年利率} \times \frac{\text{日数}}{365\text{日}} = \text{利息}$

電　**①日数の計算**

30−23＋31＋３=（41日）

または，「日数計算条件セレクター」を「片落とし」に設定し，

C型　６日数23÷８日数３=（41日）

S型　６日数23%８日数３=（41日）

②利息の計算

ラウンドセレクターをCUT（S型は↓），小数点セレクターを０に設定

960000×.03×41÷365=　／　960000×３%　×41÷365=

(20)　¥1,121,280

解　（¥7,300÷８袋）×960袋×（１＋0.28）＝¥1,121,280

（¥7,300÷８袋）　…１袋あたりの値段（単価）

単価×960袋　…仕入原価

仕入原価×（1＋0.28）　…仕入原価×（1＋見込利益率）＝実売価の総額

電　共通　7300÷8×960×1.28=　／　7300÷8×960×128%

C型　7300÷8×960×28%　＋

S型　7300÷8×960×28%　＋　=　／　7300÷8×960＋28%

第2回模擬試験問題　解答・解説（本冊 p.60）

（A）乗算問題

□ 珠算・電卓採点箇所　● 電卓のみ採点箇所

1	¥6,655,673	●¥6,760,238	86.91%	88.28%
2	¥102,340		1.34%	
3	¥2,225		●0.03%	
4	¥7,511	¥897,519	0.10%	●11.72%
5	¥890,008		●11.62%	
		●¥7,657,757		

6	$92.41	$819,329.93	●0.01%	●99.45%
7	$818,449.26		99.34%	
8	$788.26		0.10%	
9	$3,049.75	●$4,557.43	●0.37%	0.55%
10	$1,507.68		0.18%	
		●$823,887.36		

珠算各10点，100点満点　　電卓各５点，100点満点

（B）除算問題

1	¥94	¥941	0.93%	●9.31%
2	¥802		●7.93%	
3	¥45		0.45%	
4	¥8,953	●¥9,170	88.55%	90.69%
5	¥217		●2.15%	
		●¥10,111		

電卓各５点，100点満点

6	£0.77	●£43.08	0.69%	38.72%
7	£29.71		●26.70%	
8	£12.60		11.32%	
9	£0.06	£68.18	●0.05%	●61.28%
10	£68.12		61.23%	
		●£111.26		

珠算各10点，100点満点　　電卓各５点，100点満点

（C）見取算問題

No.	1	2	3	4	5
計	¥127,381	¥5,074,425	¥111,434	¥13,059,889	¥162,049
小計	●¥5,313,240			¥13,221,938	
合計	●¥18,535,178				
答え比率	0.69%	●27.38%	0.60%	●70.46%	0.87%
小計比率	●28.67%			71.33%	

No.	6	7	8	9	10
計	€78,528.72	€35,642.83	€5,708.62	€8,911.46	€13,221.76
小計	€119,880.17			●€22,133.22	
合計	●€142,013.39				
答え比率	●55.30%	25.10%	4.02%	6.28%	●9.31%
小計比率	●84.41%			15.59%	

珠算各10点，100点満点　　電卓各５点，100点満点

ビジネス計算部門

(1) ¥5,267

(2) 315lb

(3) ¥416,100

(4) 18%

(5) ¥860,160

(6) £58.90

(7) ¥758,300

(8) 2割4分（増し）

(9) ¥3,036

(10) 99本

(11) ¥2,646

(12) ¥737,200

(13) ¥570,000

(14) 92米ガロン

(15) ¥5,433

(16) 170,000人

(17) ¥113,600

(18) 326m

(19) ¥782,461

(20) ¥128,340

第２回ビジネス計算部門解説

（１）¥5,267

解　¥114×$46.20＝¥5,266.8（4捨5入により，¥5,267）
換算率 × 被換算高 ＝ 換算高

電　ラウンドセレクターを5/4，小数点セレクターを０に設定
114[×]46.20[＝]

（２）315 lb

解　143kg÷0.4536kg＝315.2…lb
（４捨５入により，315lb）
被換算高 ÷ 換算率 ＝ 換算高

電　ラウンドセレクターを5/4，小数点セレクターを０に設定
143[÷].4536[＝]

（３）¥416,100

解　¥570,000×0.73＝¥416,100
基準量 × 割合 ＝ 比較量

電　570000[×].73[＝]　／　570000[×]73[%]

（４）18%

解　¥61,200÷¥340,000＝0.18（18%）
値引額 ÷ 予定売価 ＝ 値引率

電　61200[÷]340000[%]

（５）¥860,160

解　（¥840,000×0.036× $\frac{8\text{か月}}{12\text{か月}}$ ）＋¥840,000＝¥860,160
利息 ＋ 元金 ＝ 元利合計
または，¥840,000×（１＋0.036× $\frac{8\text{か月}}{12\text{か月}}$ ）＝¥860,160
元金 ×（１＋年利率×期間）＝ 元利合計

電　840000[M+] [×].036[×] 8 [÷]12 （[＝]） [M+] [MR]　／
840000[M+] [×]3.6[%] [×] 8 [÷]12 （[＝]） [M+] [MR]
※S型は[MR]の代わりに[RM]　※答案記入後，[MC]（S型は[CM]）

（６）£58.90

解　¥8,423÷¥143＝£58.902…
（ペンス未満４捨５入により，£58.90）
被換算高 ÷ 換算率 ＝ 換算高

電　ラウンドセレクターを5/4，小数点セレクターを２に設定
8423[÷]143[＝]

（７）¥758,300

解　（¥2,360×310袋）＋¥26,700＝¥758,300
商品代金 ＋ 仕入諸掛 ＝ 仕入原価（諸掛込原価）

電　2360[×]310[+]26700[＝]

（８）２割４分（増し）

解　（¥731,600－¥590,000）÷¥590,000＝0.24（２割４分）

電　731600[－]590000[÷]590000[%]（24%＝２割４分）

（９）¥3,036

解　¥870,000×0.014× $\frac{91\text{日}}{365\text{日}}$ ＝¥3,036.6…
（切り捨てにより，¥3,036）
元金 × 年利率 × $\frac{\text{日数}}{365\text{日}}$ ＝ 利息

電　ラウンドセレクターをCUT（S型は↓），小数点セレクターを０に設定
870000[×].014[×]91[÷]365[＝]　／　870000[×]1.4[%] [×]91[÷]365[＝]

（10）99本

解　¥25,740÷¥260＝99本
商品代金 ÷ 単価 ＝ 取引数量

電　25740[÷]260[＝]

（11）¥2,646

解　９月　30日－８日＝22日
10月　31日
11月　16日
69日（片落とし）
（30－８）＋31＋16＝69日
¥350,000×0.04× $\frac{69\text{日}}{365\text{日}}$ ＝¥2,646.5…
（切り捨てにより，¥2,646）
元金 × 年利率 × $\frac{\text{日数}}{365\text{日}}$ ＝ 利息

電　**①日数の計算**
30[－] 8 [+]31[+]16[＝]（69日）
または，「日数計算条件セレクター」を「片落とし」に設定し，
C型　9[日数]8 [÷]11[日数]16[＝]（69日）
S型　9[日数]8 [%]11[日数]16[＝]（69日）
②利息の計算
ラウンドセレクターをCUT（S型は↓），小数点セレクターを０に設定
350000[×].04[×]69[÷]365[＝]　／　350000[×] 4 [%] [×]69[÷]365[＝]

（12）¥737,200

解　¥970,000×（１－0.24）＝¥737,200
基準量 ×（１ － 減少率）＝ 割引の結果

電　0.24の補数は0.76なので，
共通　970000[×].76[＝]　／　970000[×]76[%]
C型　970000[×]24[%] [－]
S型　970000[×]24[%] [－] [＝]　／　970000[－]24[%]

（13）¥570,000

解　¥729,600÷（１＋0.28）＝¥570,000
予定売価 ÷（１＋見込利益率）＝ 仕入原価

電　729600[÷]1.28[＝]　／　729600[÷]128[%]

(14) 92米ガロン

[解] 348L ÷3.785L＝91.9…米ガロン
（４捨５入により，92米ガロン）
被換算高 ÷ 換算率 ＝ 換算高

[電] ラウンドセレクターを5/4，小数点セレクターを０に設定
348[÷]3.785[=]

(15) ¥5,433

[解] ¥126×€43.12＝¥5,433.12（４捨５入により，¥5,433）
換算率 × 被換算高 ＝ 換算高

[電] ラウンドセレクターを5/4，小数点セレクターを０に設定
126[×]43.12[=]

(16) 170,000人

[解] 193,800人÷（１＋0.14）＝170,000人
割増の結果 ÷（１＋増加率）＝ 基準量

[電] 193800[÷]1.14[=]　/　193800[÷]114[%]

(17) ¥113,600

[解] ¥142,000×0.8＝¥113,600
「予定売価の８掛」は「予定売価の80％」を意味するため，
予定売価 × 割合 ＝ 実売価　となる。

[電] 142000[×].8[=]　/　142000[×]80[%]

(18) 326m

[解] 0.9144m×356yd＝325.5264m（４捨５入により，326m）
換算率 × 被換算高 ＝ 換算高

[電] ラウンドセレクターを5/4，小数点セレクターを０に設定
.9144[×]356[=]

(19) ¥782,461

[解] （¥780,000×0.016×$\frac{72日}{365日}$）＋¥780,000＝¥782,461.8…
利息＋元金＝元利合計　（切り捨てにより，¥782,461）
または，¥780,000×（１＋0.016×$\frac{72日}{365日}$）＝¥782,461.8…
（切り捨てにより，¥782,461）

元金 ×（１ ＋ 年利率 × 期間）＝ 元利合計

[電] ラウンドセレクターをCUT（Ｓ型は↓），小数点セレクターを０に設定
780000[M+] [×].016[×]72[÷]365（[=]）[M+] [MR]　/
780000[M+] [×]1.6[%] [×]72[÷]365（[=]）[M+] [MR]
※S型は[MR]の代わりに[RM]　※答案記入後，[MC]（S型は[CM]）

(20) ¥128,340

[解] （¥6,200÷５ダース）×230ダース×0.45＝¥128,340
（¥6,200 ÷５ダース）…１ダースあたりの値段（単価）
単価 × 230ダース　…仕入原価
仕入原価 × 0.45　…仕入原価×見込利益率＝利益の総額

[電] 6200[÷]５[×]230[×].45[=]　/　6200[÷]５[×]230[×]45[%]

第3回模擬試験問題　解答・解説（本冊 p.66）

□ 珠算・電卓採点箇所　● 電卓のみ採点箇所

（A）乗算問題

No.	答え	小計	答え比率	小計比率
1	¥167,324	●¥3,126,615	0.24%	4.41%
2	¥4,308		0.01%	
3	¥2,954,983		●4.16%	
4	¥67,824,060	¥67,826,933	95.59%	●95.59%
5	¥2,873		●0.00%	
合計		●¥70,953,548		

No.	答え	小計	答え比率	小計比率
6	£13,609.92	£23,746.66	●43.60%	●76.07%
7	£143.55		0.46%	
8	£9,993.19		32.01%	
9	£4.07	●£7,469.96	●0.01%	23.93%
10	£7,465.89		23.92%	
合計		●£31,216.62		

珠算各10点，100点満点　　電卓各5点，100点満点

（B）除算問題

No.	答え	小計	答え比率	小計比率
1	¥5,074	¥5,327	75.09%	●78.84%
2	¥66		●0.98%	
3	¥187		2.77%	
4	¥498	●¥1,430	7.37%	21.16%
5	¥932		●13.79%	
合計		●¥6,757		

No.	答え	小計	答え比率	小計比率
6	€4.07	●€84.02	2.26%	46.56%
7	€78.55		●43.53%	
8	€1.40		0.78%	
9	€7.25	€96.44	●4.02%	●53.44%
10	€89.19		49.42%	
合計		●€180.46		

珠算各10点，100点満点　　電卓各5点，100点満点

（C）見取算問題

No.	1	2	3	4	5
計	¥57,454	¥230,673	¥1,725,986	¥12,089	¥9.462,581
小計	●¥2,014,113			¥9,474,670	
合計	●¥11,488,783				
答え比率	0.50%	●2.01%	15.02%	●0.11%	82.36%
小計比率	●17.53%			82.47%	

No.	6	7	8	9	10
計	$76,394.25	$24,418.59	$363.67	$7,102.42	$136,140.89
小計	$101,176.51			●$143,243.31	
合計	●$244,419.82				
答え比率	●31.26%	9.99%	0.15%	2.91%	●55.70%
小計比率	●41.39%			58.61%	

珠算各10点，100点満点　　電卓各5点，100点満点

ビジネス計算部門

(1) ¥436,600

(2) €47.78

(3) 738L

(4) ¥251,522

(5) 85枚

(6) ¥13,986

(7) ¥580,000

(8) 71米トン

(9) ¥162,100

(10) ¥884

(11) 5割4分（増し）

(12) ¥13,320

(13) ¥7,584

(14) 41%

(15) 13,860人

(16) ¥1,293,100

(17) ¥2,370

(18) ¥180,600

(19) 1,378ft

(20) ¥873,600

第３回ビジネス計算部門解説

（１）<u>¥436,600</u>

解　¥590,000×0.74＝<u>¥436,600</u>
基準量 × 割合 ＝ 比較量

電　590000[×].74[＝]　／　590000[×]74[%]

（２）<u>€47.78</u>

解　¥5,973÷¥125＝€47.784
（セント未満４捨５入により，<u>€47.78</u>）
被換算高 ÷ 換算率 ＝ 換算高

電　ラウンドセレクターを5/4，小数点セレクターを２に設定
5973[÷]125[＝]

（３）<u>738 L</u>

解　3.785L×195米ガロン＝738.075L
（４捨５入により，<u>738L</u>）
換算率 × 被換算高 ＝ 換算高

電　ラウンドセレクターを5/4，小数点セレクターを０に設定
3.785[×]195[＝]

（４）<u>¥251,522</u>

解　$(¥250,000 \times 0.039 \times \frac{57日}{365日}) + ¥250,000 = ¥251,522.6\cdots$
利息＋元金＝元利合計　（切り捨てにより，<u>¥251,522</u>）
または，$¥250,000 \times (1 + 0.039 \times \frac{57日}{365日}) = ¥251,522.6\cdots$
元金×（1＋年利率×期間）＝元利合計
（切り捨てにより，<u>¥251,522</u>）

電　ラウンドセレクターをCUT（Ｓ型は↓），小数点セレクターを０に設定
250000[M+] [×].039[×]57[÷]365（[＝]）[M+] [MR]　／
250000[M+] [×]3.9[%] [×]57[÷]365（[＝]）[M+] [MR]
※S型は[MR]の代わりに[RM]　※答案記入後，[MC]（S型は[CM]）

（５）<u>85枚</u>

解　¥147,050÷¥1,730＝<u>85枚</u>
商品代金 ÷ 単価 ＝ 取引数量

電　147050[÷]1730[＝]

（６）<u>¥13,986</u>

解　¥148×£94.50 ＝<u>¥13,986</u>
換算率 × 被換算高 ＝ 換算高

電　148[×]94.50[＝]

（７）<u>¥580,000</u>

解　¥464,000÷（１－0.2）＝<u>¥580,000</u>
予定売価 ×（１－値引率）＝ 実売価　のため，
実売価 ÷（１－値引率）＝ 予定売価

電　0.2の補数は0.8なので，
464000[÷].8[＝]　／　464000[÷]80[%]

（８）<u>71米トン</u>

解　64,000kg÷907.2kg＝70.5…米トン
（４捨５入により，<u>71米トン</u>）
被換算高 ÷ 換算率 ＝ 換算高

電　ラウンドセレクターを5/4，小数点セレクターを０に設定
64000[÷]907.2[＝]

（９）<u>¥162,100</u>

解　（¥350×390パック）＋¥25,600＝<u>¥162,100</u>
商品代金 ＋ 仕入諸掛 ＝ 仕入原価（諸掛込原価）

電　350[×]390[＋]25600[＝]

（10）<u>¥884</u>

解　$¥260,000 \times 0.023 \times \frac{54日}{365日} = ¥884.7\cdots$
（切り捨てにより，<u>¥884</u>）
$元金 \times 年利率 \times \frac{日数}{365日} = 利息$

電　ラウンドセレクターをCUT（Ｓ型は↓），小数点セレクターを０に設定
260000[×].023[×]54[÷]365[＝]／260000[×]2.3[%] [×]54[÷]365[＝]

（11）<u>５割４分（増し）</u>

解　（¥438,900－¥285,000）÷¥285,000＝0.54（<u>５割４分</u>）

電　438900[－]285000[÷]285000[%]（54%＝５割４分）

（12）<u>¥13,320</u>

解　$¥540,000 \times 0.037 \times \frac{8か月}{12か月} = ¥13,320$
$元金 \times 年利率 \times \frac{月数}{12か月} = 利息$

電　540000[×].037[×]８[÷]12[＝]／540000[×]3.7[%] [×]８[÷]12[＝]

（13）<u>¥7,584</u>

解　¥135×€56.18＝¥7,584.3（４捨５入により，<u>¥7,584</u>）
換算率 × 被換算高 ＝ 換算高

電　ラウンドセレクターを5/4，小数点セレクターを０に設定
135[×]56.18[＝]

（14）<u>41%</u>

解　¥98,400÷¥240,000＝0.41（<u>41%</u>）
利益額 ÷ 仕入原価 ＝ 利益率

電　98400[÷]240000[%]

（15）<u>13,860人</u>

解　18,000人×（１－0.23）＝<u>13,860人</u>
基準量 ×（１ － 減少率）＝ 割引の結果

電　0.23の補数は0.77なので，
共通　18000[×].77[＝]　／　18000[×]77[%]
Ｃ型　18000[×]23[%] [－]
Ｓ型　18000[×]23[%] [－] [＝]　／　18000[－]23[%]

(16) ¥1,293,100

解　¥965,000×（１＋0.34）＝¥1,293,100
基準量 ×（１＋ 増加率）＝ 割増の結果

電　共通　965000[×]1.34[=]　／　965000[×]134[%]
C 型　965000[×]34[%][+]
S 型　965000[×]34[%][+][=]　／　965000[+]34[%]

(17) ¥2,370

解　８月　31日－３日＝28日
９月　30日
10月　21日
79日（片落とし）

（31－３）＋30＋21＝79日

¥547,500×0.02×$\frac{79日}{365日}$＝¥2,370

元金 × 年利率 × $\frac{日数}{365日}$ ＝ 利息

電　**①日数の計算**
31[−]３[+]30[+]21[=]（79日）
または，「日数計算条件セレクター」を「片落とし」に設定し，
C 型　８[日数]３[÷]10[日数]21[=]（79日）
S 型　８[日数]３[%]10[日数]21[=]（79日）
②利息の計算
547500[×].02[×]79[÷]365[=]／547500[×]２[%][×]79[÷]365[=]

(18) ¥180,600

解　¥210,000×（１－0.14）＝¥180,600
予定売価 ×（１－値引率）＝ 実売価

電　0.14の補数は0.86なので，
共通　210000[×].86[=]　／　210000[×]86[%]
C 型　210000[×]14[%][−]
S 型　210000[×]14[%][−][=]　／　210000[−]14[%]

(19) 1,378 ft

解　420m ÷0.3048m ＝1,377.9…ft
（４捨５入により，1,378ft）
被換算高 ÷ 換算率 ＝ 換算高

電　ラウンドセレクターを5/4，小数点セレクターを０に設定
420[÷].3048[=]

(20) ¥873,600

解　（¥650÷８個）×9,600個×（１＋0.12）＝¥873,600
（¥650 ÷ ８個）　…１個あたりの値段（単価）
単価 × 9,600個　…仕入原価
仕入原価×（１＋0.12）…仕入原価×（１＋見込利益率）＝実売価の総額

電　共通　650[÷]８[×]9600[×]1.12[=]／650[÷]８[×]9600[×]112[%]
C 型　650[÷]８[×]9600[×]12[%][+]
S 型　650[÷]８[×]9600[×]12[%][+][=]／650[÷]８[×]9600[+]12[%]

第４回模擬試験問題　解答・解説（本冊 p.72）

（A）乗算問題　　□ 珠算・電卓採点箇所　● 電卓のみ採点箇所

1	¥1,914,312	●¥2,236,733	25.74%	30.07%
2	¥25,652		0.34%	
3	¥296,769		●3.99%	
4	¥1,776,391	¥5,201,539	23.88%	●69.93%
5	¥3,425,148		●46.05%	
		●¥7,438,272		

6	€9.32	€83,515.64	●0.00%	●41.83%
7	€80,037.75		40.09%	
8	€3,468.57		1.74%	
9	€115,610.88	●€116,141.68	●57.90%	58.17%
10	€530.80		0.27%	
		●€199,657.32		

珠算各10点，100点満点　　電卓各５点，100点満点

（B）除算問題

1	¥64	¥364	1.00%	●5.69%
2	¥73		●1.14%	
3	¥227		3.55%	
4	¥5,987	●¥6,032	93.61%	94.31%
5	¥45		●0.70%	
		●¥6,396		

6	$41.49	●$81.61	25.99%	51.12%
7	$30.30		●18.98%	
8	$9.82		6.15%	
9	$77.23	$78.02	●48.38%	●48.88%
10	$0.79		0.49%	
		●$159.63		

珠算各10点，100点満点　　電卓各５点，100点満点

（C）見取算問題

No.	1	2	3	4	5
計	¥212,608	¥5,393,132	¥3,374	¥45,368	¥348,253
小計	●¥5,609,114			¥393,621	
合計	●¥6,002,735				
答え比率	3.54%	●89.84%	0.06%	●0.76%	5.80%
小計比率	●93.44%			6.56%	

No.	6	7	8	9	10
計	£7,352.61	£208,719.65	£746.55	£6,901.21	£80,974.09
小計	£216,818.81			●£87,875.30	
合計	●£304,694.11				
答え比率	●2.41%	68.50%	0.25%	2.26%	●26.58%
小計比率	●71.16%			28.84%	

珠算各10点，100点満点　　電卓各５点，100点満点

ビジネス計算部門

(1)	670yd	(11)	£46.33
(2)	¥277,400	(12)	¥30,000
(3)	¥13,401	(13)	90,000人
(4)	20%	(14)	¥9,533
(5)	¥7,360	(15)	197L
(6)	960個	(16)	¥786,197
(7)	¥217,300	(17)	1割4分（増し）
(8)	$81.95	(18)	¥920,000
(9)	¥874,907	(19)	43英トン
(10)	¥841,600	(20)	¥600,600

第４回ビジネス計算部門解説

（１） 670 yd

解　613m ÷ 0.9144m = 670.3…yd
（４捨５入により，<u>670yd</u>）
被換算高 ÷ 換算率 ＝ 換算高

電　ラウンドセレクターを5/4，小数点セレクターを０に設定
613[÷].9144[=]

（２） ¥277,400

解　¥380,000 × 0.73 = <u>¥277,400</u>
基準量 × 割合 ＝ 比較量

電　380000[×].73[=]　／　380000[×]73[%]

（３） ¥13,401

解　¥131 × €102.30 = ¥13,401.3
（４捨５入により，<u>¥13,401</u>）
換算率 × 被換算高 ＝ 換算高

電　ラウンドセレクターを5/4，小数点セレクターを０に設定
131[×]102.30[=]

（４） 20%

解　¥164,000 ÷ ¥820,000 = 0.2（<u>20%</u>）
値引額 ÷ 予定売価 ＝ 値引率

電　164000[÷]820000[%]

（５） ¥7,360

解　¥960,000 × 0.023 × $\frac{4\text{か月}}{12\text{か月}}$ = <u>¥7,360</u>
元金 × 年利率 × $\frac{\text{月数}}{12\text{か月}}$ ＝ 利息

電　960000[×].023[×]４[÷]12[=] ／ 960000[×]2.3[%] [×]４[÷]12[=]

（６） 960個

解　¥537,600 ÷ ¥560 = <u>960個</u>
商品代金 ÷ 単価 ＝ 取引数量

電　537600[÷]560[=]

（７） ¥217,300

解　¥410,000 ×（１－0.47）＝ <u>¥217,300</u>
基準量 ×（１－減少率）＝ 割引の結果

電　0.47の補数は0.53なので，
共通　410000[×].53[=]　／　410000[×]53[%]
Ｃ型　410000[×]47[%] [−]
Ｓ型　410000[×]47[%] [−] [=]　／　410000[−]47[%]

（８） $81.95

解　¥9,260 ÷ ¥113 = $81.946…
（セント未満４捨５入により，<u>$81.95</u>）
被換算高 ÷ 換算率 ＝ 換算高

電　ラウンドセレクターを5/4，小数点セレクターを２に設定
9260[÷]113[=]

（９） ¥874,907

解　（¥870,000 × 0.029 × $\frac{71\text{日}}{365\text{日}}$）＋ ¥870,000 = ¥874,907.7…
利息＋元金＝元利合計　（切り捨てにより，<u>¥874,907</u>）
または，¥870,000 ×（１＋0.029 × $\frac{71\text{日}}{365\text{日}}$）= ¥874,907.7…
（切り捨てにより，<u>¥874,907</u>）
元金×（１＋年利率×期間）＝元利合計

電　ラウンドセレクターをCUT（Ｓ型は↓），小数点セレクターを０に設定
870000[M+] [×].029[×]71[÷]365（[=]）[M+] [MR]　／
870000[M+] [×]2.9[%] [×]71[÷]365（[=]）[M+] [MR]
※S型は[MR]の代わりに[RM]　※答案記入後，[MC]（S型は[CM]）

（10） ¥841,600

解　（¥2,360 × 340袋）＋ ¥39,200 = <u>¥841,600</u>
商品代金 ＋ 仕入諸掛 ＝ 仕入原価（諸掛込原価）

電　2360[×]340[+]39200[=]

（11） £46.33

解　¥6,579 ÷ ¥142 = £46.330…
（ペンス未満４捨５入により，<u>£46.33</u>）
被換算高 ÷ 換算率 ＝ 換算高

電　ラウンドセレクターを5/4，小数点セレクターを２に設定
6579[÷]142[=]

（12） ¥30,000

解　¥250,000 × 0.12 = <u>¥30,000</u>
仕入原価 × 利益率 ＝ 利益額

電　250000[×].12[=]　／　250000[×]12[%]

（13） 90,000人

解　104,400人 ÷（１＋0.16）＝ <u>90,000人</u>
割増の結果 ÷（１＋増加率）＝ 基準量

電　104400[÷]1.16[=]　／　104400[÷]116[%]

（14） ¥9,533

解　¥990,000 × 0.037 × $\frac{95\text{日}}{365\text{日}}$ = ¥9,533.8…
（切り捨てにより，<u>¥9,533</u>）
元金 × 年利率 × $\frac{\text{日数}}{365\text{日}}$ ＝ 利息

電　ラウンドセレクターをCUT（Ｓ型は↓），小数点セレクターを０に設定
990000[×].037[×]95[÷]365[=] ／ 990000[×]3.7[%] [×]95[÷]365[=]

（15） 197 L

解　3.785L × 52米ガロン = 196.82L
（４捨５入により，<u>197L</u>）

換算率 × 被換算高 ＝ 換算高

[電] ラウンドセレクターを5/4，小数点セレクターを０に設定
3.785[×]52[=]

(16) ¥786,197

[解] ５月　31日－26日＝５日
６月　　　　　30日
７月　　　　　23日
　　　　　　　58日（片落とし）
(31－26) ＋30＋23＝58日
(¥780,000×0.05×$\frac{58日}{365日}$)＋¥780,000＝¥786,197.2…
（切り捨てにより，¥786,197）
利息 ＋ 元金 ＝ 元利合計
または，¥780,000×(1＋0.05×$\frac{58日}{365日}$)＝¥786,197.2…
（切り捨てにより，¥786,197）
元金 ×（１＋年利率 × 期間）＝ 元利合計

[電] **①日数の計算**
31[−]26[+]30[+]23[=]（58日）
または，「日数計算条件セレクター」を「片落とし」に設定し，
Ｃ型　５[日数]26[÷]７[日数]23[=]（58日）
Ｓ型　５[日数]26[%]７[日数]23[=]（58日）
②元利合計の計算
ラウンドセレクターをCUT（Ｓ型は↓），小数点セレクターを０に設定
780000[M+] [×].05[×]58[÷]365（[=]）[M+] [MR]　／
780000[M+] [×]５[%] [×]58[÷]365（[=]）[M+] [MR]
※S型は[MR]の代わりに[RM]　※答案記入後，[MC]（S型は[CM]）

(17) １割４分（増し）

[解] (¥615,600－¥540,000)÷¥540,000＝0.14（１割４分）
[電] 615600[−]540000[÷]540000[%]　（14％＝１割４分）

(18) ¥920,000

[解] ¥644,000÷0.7＝¥920,000
「予定売価の７掛」は「予定売価の70％」を意味するため，
予定売価 × 割合 ＝ 実売価　より，
実売価 ÷ 割合 ＝ 予定売価　となる。
[電] 644000[÷].7[=]　／　644000[÷]70[%]

(19) 43英トン

[解] 43,900kg÷1,016kg＝43.2…英トン
（４捨５入により，43英トン）
被換算高 ÷ 換算率 ＝ 換算高
[電] ラウンドセレクターを5/4，小数点セレクターを０に設定
43900[÷]1016[=]

(20) ¥600,600

[解] (¥7,700÷10本) ×650本×（１＋0.2）＝¥600,600
(¥7,700 ÷ 10本）…１本あたりの値段（単価）
単価 × 650本　　…仕入原価
仕入原価×(1＋0.2)…仕入原価×(1＋見込利益率)＝実売価の総額

[電] 共通　7700[÷]10[×]650[×]1.2[=]／7700[÷]10[×]650[×]120[%]
Ｃ型　7700[÷]10[×]650[×]20[%] [+]
Ｓ型　7700[÷]10[×]650[×]20[%] [+] [=]／7700[÷]10[×]650[+]20[%]

第５回模擬試験問題　解答・解説（本冊 p.78）

（A）乗算問題　　［　　］珠算・電卓採点箇所　● 電卓のみ採点箇所

1	¥286,973	●¥5,945,915	0.68%	14.18%
2	¥12,392		0.03%	
3	¥5,646,550		●13.47%	
4	¥1,681	¥35,976,913	0.00%	●85.82%
5	¥35,975,232		●85.81%	
		●¥41,922,828		

6	$367,241.35	$371,869.23	●97.80%	●99.04%
7	$4,092.88		1.09%	
8	$535.00		0.14%	
9	$39.08	●$3,618.53	●0.01%	0.96%
10	$3,579.45		0.95%	
		●$375,487.76		

珠算各10点，100点満点　　電卓各５点，100点満点

（B）除算問題

1	¥317	¥447	4.36%	●6.15%
2	¥46		●0.63%	
3	¥84		1.16%	
4	¥6,629	●¥6,823	91.18%	93.85%
5	¥194		●2.67%	
		●¥7,270		

6	£0.86	●£7.76	0.64%	5.81%
7	£6.26		●4.69%	
8	£0.64		0.48%	
9	£77.22	£125.75	●57.84%	●94.19%
10	£48.53		36.35%	
		●£133.51		

珠算各10点，100点満点　　電卓各５点，100点満点

（C）見取算問題

No.	1	2	3	4	5
計	¥73,476	¥597,927	¥1,255,318	¥252,360	¥137,464
小計	●¥1,926,721			¥389,824	
合計	●¥2,316,545				
答え比率	3.17%	●25.81%	54.19%	●10.89%	5.93%
小計比率	●83.17%			16.83%	

No.	6	7	8	9	10
計	€80,108.54	€7,015.21	€189,255.93	€16,098.29	€12,789.60
小計	€276,379.68			●€28,887.89	
合計	●€305,267.57				
答え比率	●26.24%	2.30%	62.00%	5.27%	●4.19%
小計比率	●90.54%			9.46%	

珠算各10点，100点満点　　電卓各５点，100点満点

ビジネス計算部門

（１）　¥481,900

（２）　3,136 ft

（３）　¥2,599

（４）　¥512,313

（５）　23%

（６）　789m

（７）　3割5分

（８）　¥285,200

（９）　€59.36

（10）　¥1,905

（11）　¥9,010

（12）　430箱

（13）　¥7,840

（14）　118L

（15）　¥840,000

（16）　¥573,982

（17）　¥656,640

（18）　¥540,000

（19）　750個

（20）　1,086人

第５回ビジネス計算部門解説

（１）¥481,900

解　¥790,000×0.61＝¥481,900
　基準量 × 割合 ＝ 比較量

電　790000[×].61[＝]　／　790000[×]61[%]

（２）3,136 ft

解　956m ÷0.3048m ＝3,136.4…ft
　（４捨５入により，3,136ft）
　被換算高 ÷ 換算率 ＝ 換算高

電　ラウンドセレクターを5/4，小数点セレクターを０に設定
　956[÷].3048[＝]

（３）¥2,599

解　¥115×$22.60＝¥2,599
　換算率 × 被換算高 ＝ 換算高

電　115[×]22.60[＝]

（４）¥512,313

解　（¥510,000×0.023×$\frac{72日}{365日}$）＋¥510,000＝¥512,313.8…
　利息＋元金＝元利合計　（切り捨てにより，¥512,313）
　または，¥510,000×（1＋0.023×$\frac{72日}{365日}$）＝¥512,313.8…
　元金 ×（1 ＋ 年利率 × 期間）＝ 元利合計
　（切り捨てにより，¥512,313）

電　ラウンドセレクターをCUT（S型は↓），小数点セレクターを０に設定
　510000[M+] [×].023[×]72[÷]365 （[＝]） [M+] [MR]　／
　510000[M+] [×]2.3[%] [×]72[÷]365 （[＝]） [M+] [MR]
　※S型は[MR]の代わりに[RM]　※答案記入後，[MC]（S型は[CM]）

（５）23%

解　¥85,100÷¥370,000＝0.23（23%）
　損失額 ÷ 仕入原価 ＝ 損失率

電　85100[÷]370000[%]

（６）789m

解　0.9144m ×863yd ＝789.1272m（４捨５入により，789m）
　換算率 × 被換算高 ＝ 換算高

電　ラウンドセレクターを5/4，小数点セレクターを０に設定
　.9144[×]863[＝]

（７）３割５分

解　¥178,500÷¥510,000＝0.35（３割５分）
　比較量 ÷ 基準量 ＝ 割合

電　178500[÷]510000[%]（35% ＝ ３割５分）

（８）¥285,200

解　（¥325×780束）＋¥31,700＝¥285,200
　商品代金 ＋ 仕入諸掛 ＝ 仕入原価（諸掛込原価）

電　325[×]780[＋]31700[＝]

（９）€59.36

解　¥6,945÷¥117＝€59.358…
　（セント未満４捨５入により，€59.36）
　被換算高 ÷ 換算率 ＝ 換算高

電　ラウンドセレクターを5/4，小数点セレクターを２に設定
　6945[÷]117[＝]

（10）¥1,905

解　¥420,000×0.023×$\frac{72日}{365日}$＝¥1,905.5…
　（切り捨てにより，¥1,905）
　元金 × 年利率 × $\frac{日数}{365日}$ ＝ 利息

電　ラウンドセレクターをCUT（S型は↓），小数点セレクターを０に設定
　420000[×].023[×]72[÷]365[＝]　／　420000[×]2.3[%] [×]72[÷]365[＝]

（11）¥9,010

解　¥143×€63.01＝¥9,010.43（４捨５入により，¥9,010）
　換算率 × 被換算高 ＝ 換算高

電　ラウンドセレクターを5/4，小数点セレクターを０に設定
　143[×]63.01[＝]

（12）430箱

解　¥159,100÷（¥3,700÷10箱）＝430箱
　商品代金 ÷ 単価 ＝ 取引数量

電　C型　3700[÷]10[＝]159100[÷] [GT] [＝]　／
　　　　3700[÷]10[÷] [÷]159100[＝]
　S型　3700[÷]10[＝]159100[÷] [GT] [＝]

（13）¥7,840

解　¥960,000×0.014×$\frac{7か月}{12か月}$＝¥7,840
　元金 × 年利率 × $\frac{月数}{12か月}$ ＝ 利息

電　960000[×].014[×]7[÷]12[＝]　／　960000[×]1.4[%] [×]7[÷]12[＝]

（14）118 L

解　4.546L ×26英ガロン＝118.196L
　（４捨５入により，118L）
　換算率 × 被換算高 ＝ 換算高

電　ラウンドセレクターを5/4，小数点セレクターを０に設定
　4.546[×]26[＝]

（15）¥840,000

解　¥504,000÷0.6＝¥840,000

「予定売価の６掛」は「予定売価の60％」を意味するため，
予定売価 × 割合 ＝ 実売価　より，
実売価 ÷ 割合 ＝ 予定売価　となる。

電　504000[÷].6[=]　／　504000[÷]60[%]

(16)　¥573,982

解　９月　30日－５日＝25日
10月　31日
11月　29日
85日（片落とし）

（30－５）＋31＋29＝85日

$(¥570{,}000 \times 0.03 \times \frac{85日}{365日}) + ¥570{,}000 = ¥573{,}982.1\cdots$

（切り捨てにより，¥573,982）

利息 ＋ 元金 ＝ 元利合計

または，$¥570{,}000 \times (1 + 0.03 \times \frac{85日}{365日}) = ¥573{,}982.1\cdots$

（切り捨てにより，¥573,982）

元金 ×（１ ＋ 年利率 × 期間）＝ 元利合計

電　**①日数の計算**

30[－]５[＋]31[＋]29[=]（85日）

または，「日数計算条件セレクター」を「片落とし」に設定し，

Ｃ型　９[日数]５[÷]11[日数]29[=]（85日）

Ｓ型　９[日数]５[%]11[日数]29[=]（85日）

②元利合計の計算

ラウンドセレクターをCUT（Ｓ型は↓），小数点セレクターを０に設定

570000[M+][×].03[×]85[÷]365（[=]）[M+][MR]　／

570000[M+][×]３[%][×]85[÷]365（[=]）[M+][MR]

※S型は[MR]の代わりに[RM]　※答案記入後，[MC]（S型は[CM]）

(17)　¥656,640

解　¥864,000×（１－0.24）＝¥656,640

予定売価 ×（１ － 値引率）＝ 実売価

電　0.24の補数は0.76なので，

共通　864000[×].76[=]　／　864000[×]76[%]

Ｃ型　864000[×]24[%][－]

Ｓ型　864000[×]24[%][－][=]　／　864000[－]24[%]

(18)　¥540,000

解　¥604,800÷（１＋0.12）＝¥540,000

割増の結果 ÷（１ ＋ 増加率）＝ 基準量

電　604800[÷]1.12[=]　／　604800[÷]112[%]

(19)　750個

解　¥48,000÷（¥320÷５個）＝750個

商品代金 ÷ 単価 ＝ 取引数量

電　Ｃ型　320[÷]５[=]48000[÷]GT[=]　／

320[÷]５[÷][÷]48000[=]

Ｓ型　320[÷]５[=]48000[÷]GT[=]

(20)　1,086人

解　1,448人×（１－0.25）＝1,086人

基準量 ×（１ － 減少率）＝ 割引の結果

電　0.25の補数は0.75なので，

共通　1448[×].75[=]　／　1448[×]75[%]

Ｃ型　1448[×]25[%][－]

Ｓ型　1448[×]25[%][－][=]　／　1448[－]25[%]

第6回模擬試験問題　解答・解説（本冊p.84）

（A）乗算問題　　［　　］珠算・電卓採点箇所　●　電卓のみ採点箇所

1	¥27,772,560
2	¥3,778
3	¥225,987
4	¥63,385,875
5	¥178,534

●¥28,002,325	30.33%	30.58%
	0.00%	
	●0.25%	
¥63,564,409	69.22%	●69.42%
	●0.19%	
●¥91,566,734		

6	£1,611.12
7	£8.20
8	£379,371.18
9	£4,163.08
10	£78.33

珠算各10点，100点満点

£380,990.50	●0.42%	●98.90%
	0.00%	
	98.48%	
●£4,241.41	●1.08%	1.10%
	0.02%	
●£385,231.91		

電卓各5点，100点満点

（B）除算問題

1	¥46
2	¥7,430
3	¥692
4	¥37
5	¥1,875

¥8,168	0.46%	●81.03%
	●73.71%	
	6.87%	
●¥1,912	0.37%	18.97%
	●18.60%	
●¥10,080		

6	€8.26
7	€16.35
8	€6.31
9	€7.60
10	€52.09

珠算各10点，100点満点

●€30.92	9.12%	34.12%
	●18.04%	
	6.96%	
€59.69	●8.39%	●65.88%
	57.49%	
●€90.61		

電卓各5点，100点満点

（C）見取算問題

No.	1	2	3	4	5
計	¥1,058,695	¥8,401,891	¥132,924	¥53,856	¥3,475
小計	●¥9,593,510			¥57,331	
合計	●¥9,650,841				
答え比率	10.97%	●87.06%	1.38%	●0.56%	0.04%
小計比率	●99.41%			0.59%	

No.	6	7	8	9	10
計	$7,442.72	$11,155.50	$5,665.60	$163,512.57	$17,671.24
小計	$24,263.82			●$181,183.81	
合計	●$205,447.63				
答え比率	●3.62%	5.43%	2.76%	79.59%	●8.60%
小計比率	●11.81%			88.19%	

珠算各10点，100点満点　　電卓各5点，100点満点

ビジネス計算部門

(1) ¥531,200

(2) €37.82

(3) 759m

(4) ¥1,005

(5) ¥32,460

(6) ¥9,747

(7) ¥715,200

(8) ¥846,720

(9) 930パック

(10) 2割3分

(11) 34英トン

(12) ¥433,879

(13) ¥11,960

(14) ¥570,000

(15) 374,400人

(16) 23%

(17) ¥1,238,640

(18) 76kg

(19) ¥10,888

(20) ¥838,080

第６回ビジネス計算部門解説

（１）￥531,200

解　￥640,000×0.83＝￥531,200
基準量 × 割合 ＝ 比較量

電　640000[×].83[=]　／　640000[×]83[%]

（２）€37.82

解　￥4,765÷￥126＝€37.817…
（セント未満４捨５入により，€37.82）
被換算高 ÷ 換算率 ＝ 換算高

電　ラウンドセレクターを5/4，小数点セレクターを２に設定
4765[÷]126[=]

（３）759m

解　0.3048m×2,490ft＝758.952m（４捨５入により，759m）
換算率 × 被換算高 ＝ 換算高

電　ラウンドセレクターを5/4，小数点セレクターを０に設定
.3048[×]2490[=]

（４）￥1,005

解　￥380,000×0.021× $\frac{\text{46日}}{\text{365日}}$ ＝￥1,005.6…
（切り捨てにより，￥1,005）
元金 × 年利率 × $\frac{\text{日数}}{\text{365日}}$ ＝ 利息

電　ラウンドセレクターをCUT（Ｓ型は↓），小数点セレクターを０に設定
380000[×].021[×]46[÷]365[=]　／　380000[×]2.1[%]　[×]46[÷]365[=]

（５）￥32,460

解　￥541,000×0.06＝￥32,460
予定売価 × 値引率 ＝ 値引額

電　541000[×].06[=]　／　541000[×]６[%]

（６）￥9,747

解　￥108×$90.25　＝￥9,747
換算率 × 被換算高 ＝ 換算高

電　108[×]90.25[=]

（７）￥715,200

解　（￥1,270×540枚）＋￥29,400＝￥715,200
商品代金 ＋ 仕入諸掛 ＝ 仕入原価（諸掛込原価）

電　1270[×]540[+]29400[=]

（８）￥846,720

解　（￥840,000×0.012× $\frac{\text{8か月}}{\text{12か月}}$ ）＋￥840,000＝￥846,720
利息 ＋ 元金 ＝ 元利合計
または，￥840,000×（１＋0.012× $\frac{\text{8か月}}{\text{12か月}}$ ）＝￥846,720
元金 ×（１ ＋ 年利率 × 期間）＝ 元利合計

電　840000[M+]　[×].012[×]８[÷]12（[=]）[M+]　[MR]　／
840000[M+]　[×]1.2[%]　[×]８[÷]12（[=]）[M+]　[MR]
※Ｓ型は[MR]の代わりに[RM]　※答案記入後，[MC]（Ｓ型は[CM]）

（９）930パック

解　￥158,100÷￥170＝930パック
商品代金 ÷ 単価 ＝ 取引数量

電　158100[÷]170[=]

（10）２割３分

解　￥179,400÷￥780,000＝0.23（２割３分）
比較量 ÷ 基準量 ＝ 割合

電　179400[÷]780000[%]　（23％＝２割３分）

（11）34英トン

解　34,100kg÷1,016kg＝33.5…英トン
（４捨５入により，34英トン）
被換算高 ÷ 換算率 ＝ 換算高

電　ラウンドセレクターを5/4，小数点セレクターを０に設定
34100[÷]1016[=]

（12）￥433,879

解　（￥430,000×0.037× $\frac{\text{89日}}{\text{365日}}$ ）＋￥430,000＝￥433,879.4…
利息＋元金＝元利合計　（切り捨てにより，￥433,879）
または，￥430,000×（１＋0.037× $\frac{\text{89日}}{\text{365日}}$ ）＝￥433,879.4…
元金 ×（１＋年利率 × 期間）＝ 元利合計
（切り捨てにより，￥433,879）

電　ラウンドセレクターをCUT（Ｓ型は↓），小数点セレクターを０に設定
430000[M+]　[×].037[×]89[÷]365（[=]）[M+]　[MR]　／
430000[M+]　[×]3.7[%]　[×]89[÷]365（[=]）[M+]　[MR]
※Ｓ型は[MR]の代わりに[RM]　※答案記入後，[MC]（Ｓ型は[CM]）

（13）￥11,960

解　￥145×£82.48＝￥11,959.6（４捨５入により，￥11,960）
換算率 × 被換算高 ＝ 換算高

電　ラウンドセレクターを5/4，小数点セレクターを０に設定
145[×]82.48[=]

（14）￥570,000

解　￥399,000÷0.7＝￥570,000
「予定売価の７掛」は「予定売価の70％」を意味するため，
予定売価 × 割合 ＝ 実売価　より，
実売価 ÷ 割合 ＝ 予定売価　となる。

電　399000[÷].7[=]　／　399000[÷]70[%]

（15）374,400人

解　520,000人×（１－0.28）＝374,400人

基準量 ×（1 － 減少率）＝ 割引の結果

[電] 0.28の補数は0.72なので，

共通　520000[×].72[=]　／　520000[×]72[%]

C型　520000[×]28[%] [−]

S型　520000[×]28[%] [−] [=]　／　520000[−]28[%]

(16) 23%

[解] ¥48,300÷¥210,000＝0.23（23%）

利益額 ÷ 仕入原価 ＝ 利益率

[電] 48300[÷]210000[%]

(17) ¥1,238,640

[解] ¥794,000×（1＋0.56）＝¥1,238,640

基準量 ×（1 ＋ 増加率）＝ 割増の結果

[電] 共通　794000[×]1.56[=]　／　794000[×]156[%]

C型　794000[×]56[%] [+]

S型　794000[×]56[%] [+] [=]　／　794000[+]56[%]

(17) $67.88

[解] ¥7,670÷¥113＝$67.876…

（セント未満4捨5入により，$67.88）

被換算高 ÷ 換算率 ＝ 換算高

[電] ラウンドセレクターを5/4，小数点セレクターを2に設定

7670[÷]113[=]

(18) 76kg

[解] 0.4536kg×167lb＝75.7512kg

（4捨5入により，76kg）

換算率 × 被換算高 ＝ 換算高

[電] ラウンドセレクターを5/4，小数点セレクターを0に設定

.4536[×]167[=]

(19) ¥10,888

[解] 6月　30日−14日＝16日

7月　31日

8月　25日

72日（片落とし）

(30−14)＋31＋25＝72日

¥920,000×0.06×$\frac{72日}{365日}$＝¥10,888.7…

（切り捨てにより，¥10,888）

元金 × 年利率 × $\frac{日数}{365日}$ ＝ 利息

[電] **①日数の計算**

30[−]14[+]31[+]25[=]（72日）

または，「日数計算条件セレクター」を「片落とし」に設定し，

C型　6[日数]14[÷]8[日数]25[=]（72日）

S型　6[日数]14[%]8[日数]25[=]（72日）

②利息の計算

ラウンドセレクターをCUT（S型は↓），小数点セレクターを0に設定

920000[×].06[×]72[÷]365[=]　／　920000[×]6[%] [×]72[÷]365[=]

(20) ¥838,080

[解] （¥6,400÷10袋）×970袋×（1＋0.35）＝¥838,080

（¥6,400 ÷ 10袋）　…1袋あたりの値段（単価）

単価 × 970袋　…仕入原価

仕入原価×(1＋0.35)…仕入原価×(1＋見込利益率)＝総売上高

[電] 共通　6400[÷]10[×]970[×]1.35[=]　／　6400[÷]10[×]970[×]135[%]

C型　6400[÷]10[×]970[×]35[%] [+]

S型　6400[÷]10[×]970[×]35[%] [+] [=]　／　6400[÷]10[×]970[+]35[%]

第7回模擬試験問題　解答・解説（本冊 p.90）

（A）乗算問題　　□ 珠算・電卓採点箇所　● 電卓のみ採点箇所

1	¥190,130
2	¥20,732
3	¥1,879,367
4	¥36,795,070
5	¥155,091

●¥2,090,229	0.49%	5.35%
	0.05%	
	●4.81%	
¥36,950,161	94.25%	●94.65%
	●0.40%	
●¥39,040,390		

6	€12.89
7	€622.40
8	€951,156.92
9	€1,266.82
10	€3,204.23

珠算各10点，100点満点

€951,792.21	●0.00%	●99.53%
	0.07%	
	99.47%	
●€4,471.05	●0.13%	0.47%
	0.34%	
●€956,263.26		

電卓各5点，100点満点

（B）除算問題

1	¥2,648
2	¥493
3	¥76
4	¥32
5	¥8,514

¥3,217	22.51%	●27.35%
	●4.19%	
	0.65%	
●¥8,546	0.27%	72.65%
	●72.38%	
●¥11,763		

6	$40.72
7	$1,231.34
8	$85.21
9	$9.21
10	$2.94

珠算各10点，100点満点

●$1,357.27	2.97%	99.11%
	●89.92%	
	6.22%	
$12.15	●0.67%	●0.89%
	0.21%	
●$1,369.42		

電卓各5点，100点満点

（C）見取算問題

No.	1	2	3	4	5
計	¥53,638	¥8,252,025	¥164,706	¥131,445	¥647,693
小計	●¥8,470,369			¥779,138	
合計	●¥9,249,507				
答え比率	0.58%	●89.22%	1.78%	●1.42%	7.00%
小計比率	● 91.58%			8.42%	

No.	6	7	8	9	10
計	£5,815.35	£19,651.08	£4,798.37	£11,890.51	£7,400.19
小計	£30,264.80			●£19,290.70	
合計	●£49,555.50				
答え比率	●11.74%	39.65%	9.68%	23.99%	●14.93%
小計比率	●61.07%			38.93%	

珠算各10点，100点満点　　電卓各5点，100点満点

ビジネス計算部門

(1)	¥309,600	(11)	¥144,400
(2)	£38.39	(12)	$65.74
(3)	307L	(13)	850箱
(4)	38%	(14)	¥4,220
(5)	¥8,008	(15)	153m
(6)	¥16,905	(16)	5割8分（減少）
(7)	¥499,800	(17)	¥392,935
(8)	¥540,000	(18)	¥617,000
(9)	¥1,023,600	(19)	1,091lb
(10)	¥959,424	(20)	¥87,720

第７回ビジネス計算部門解説

（１）¥309,600

解 ¥430,000×0.72＝¥309,600
基準量 × 割合 ＝ 比較量

電 430000[×].72[=] ／ 430000[×]72[%]

（２）£38.39

解 ¥7,025÷¥183＝£38.387…
（ペンス未満４捨５入により，£38.39）
被換算高 ÷ 換算率 ＝ 換算高

電 ラウンドセレクターを5/4，小数点セレクターを２に設定
7025[÷]183[=]

（３）307L

解 3.785L×81米ガロン＝306.585L
（４捨５入により，307L）
換算率 × 被換算高 ＝ 換算高

電 ラウンドセレクターを5/4，小数点セレクターを０に設定
3.785[×]81[=]

（４）38%

解 ¥133,000÷¥350,000＝0.38（38%）
値引額 ÷ 予定売価 ＝ 値引率

電 133000[÷]350000[%]

（５）¥8,008

解 ¥135×£59.32＝¥8,008.2
（４捨５入により，¥8,008）
換算率 × 被換算高 ＝ 換算高

電 ラウンドセレクターを5/4，小数点セレクターを０に設定
135[×]59.32[=]

（６）¥16,905

解 ¥690,000×0.049×$\frac{\text{6か月}}{\text{12か月}}$＝¥16,905
元金 × 年利率 × $\frac{\text{月数}}{\text{12か月}}$ ＝ 利息

電 690000[×].049[×]６[÷]12[=] ／ 690000[×]4.9[%] [×]６[÷]12[=]

（７）¥499,800

解 ¥420,000×（１＋0.19）＝¥499,800
仕入原価 ×（１＋利益率）＝ 実売価

電 共通 420000[×]1.19[=] ／ 420000[×]119[%]
Ｃ型 420000[×]19[%] [+]
Ｓ型 420000[×]19[%] [+] [=] ／ 420000[+]19[%]

（８）¥540,000

解 ¥664,200÷（１＋0.23）＝¥540,000
割増の結果 ÷（１ ＋ 増加率）＝ 基準量

電 664200[÷]1.23[=] ／ 664200[÷]123[%]

（９）¥1,023,600

解 （¥7,980×120着）＋¥66,000＝¥1,023,600
商品代金 ＋ 仕入諸掛 ＝ 仕入原価（諸掛込原価）

電 7980[×]120[+]66000[=]

（10）¥959,424

解 （¥950,000×0.051×$\frac{\text{71日}}{\text{365日}}$）＋¥950,000＝¥959,424.5…
利息＋元金＝元利合計 （切り捨てにより，¥959,424）
または，¥950,000×（１＋0.051×$\frac{\text{71日}}{\text{365日}}$）＝¥959,424.5…
元金 ×（１ ＋ 年利率 × 期間）＝ 元利合計
（切り捨てにより，¥959,424）

電 ラウンドセレクターをCUT（Ｓ型は↓），小数点セレクターを０に設定
950000[M+] [×].051[×]71[÷]365 （[=]） [M+] [MR] ／
950000[M+] [×]5.1[%] [×]71[÷]365 （[=]） [M+] [MR]
※S型は[MR]の代わりに[RM] ※答案記入後，[MC]（S型は[CM]）

（11）¥144,400

解 ¥190,000×（１－0.24）＝¥144,400
基準量 ×（１－減少率）＝ 割引の結果

電 0.24の補数は0.76なので，
共通 190000[×].76[=] ／ 190000[×]76[%]
Ｃ型 190000[×]24[%] [−]
Ｓ型 190000[×]24[%] [−] [=] ／ 190000[−]24[%]

（12）$65.74

解 ¥7,560÷¥115＝$65.739…
（セント未満4捨5入により，$65.74）
被換算高 ÷ 換算率 ＝ 換算高

電 ラウンドセレクターを5/4，小数点セレクターを２に設定
7560[÷]115[=]

（13）850箱

解 ¥705,500÷¥830＝850箱
商品代金 ÷ 単価 ＝ 取引数量

電 705500[÷]830[=]

（14）¥4,220

解 ¥650,000×0.03×$\frac{\text{79日}}{\text{365日}}$＝¥4,220.5…
（切り捨てにより，¥4,220）
元金 × 年利率 × $\frac{\text{日数}}{\text{365日}}$ ＝ 利息

電 ラウンドセレクターをCUT（Ｓ型は↓），小数点セレクターを０に設定
650000[×].03[×]79[÷]365[=] ／ 650000[×]３[%][×]79[÷]365[=]

(15)　153m

解　0.3048m × 501ft = 152.7048m（４捨５入により，153m）
　換算率 × 被換算高 ＝ 換算高

電　ラウンドセレクターを5/4，小数点セレクターを０に設定
　.3048 × 501 =

(16)　５割８分（減少）

解　(28,000トン − 11,760トン) ÷ 28,000トン = 0.58（５割８分）

電　28000 − 11760 ÷ 28000 %（58% ＝ ５割８分）

(17)　¥392,935

解　６月　30日 − 15日 = 15日
　７月　31日
　８月　21日
　67日（片落とし）
　(30 − 15) + 31 + 21 = 67日
　$(¥390,000 \times 0.041 \times \frac{67日}{365日}) + ¥390,000 = ¥392,935.1\cdots$
　（切り捨てにより，¥392,935）
　利息 ＋ 元金 ＝ 元利合計
　または，$¥390,000 \times (1 + 0.041 \times \frac{67日}{365日}) = ¥392,935.1\cdots$
　（切り捨てにより，¥392,935）
　元金 ×（１＋年利率 × 期間）＝ 元利合計

電　**①日数の計算**
　30 − 15 + 31 + 21 =（67日）
　または，「日数計算条件セレクター」を「片落とし」に設定し，
　Ｃ型　６ 日数 15 ÷ ８ 日数 21 =（67日）
　Ｓ型　６ 日数 15 % ８ 日数 21 =（67日）
　②元利合計の計算
　ラウンドセレクターをCUT（Ｓ型は↓），小数点セレクターを０に設定
　390000 M+ × .041 × 67 ÷ 365（=）M+ MR　／
　390000 M+ × 4.1 % × 67 ÷ 365（=）M+ MR
　※Ｓ型はMRの代わりにRM　※答案記入後，MC（Ｓ型はCM）

(18)　¥617,000

解　¥493,600 ÷ 0.8 = ¥617,000
　「予定売価の８掛」は「予定売価の80%」を意味するため，
　予定売価 × 割合 ＝ 実売価　より，
　実売価 ÷ 割合 ＝ 予定売価　となる。

電　493600 ÷ .8 =　／　493600 ÷ 80 %

(19)　1,091 lb

解　495kg ÷ 0.4536kg = 1,091.2…lb
　（４捨５入により，1,091lb）
　被換算高 ÷ 換算率 ＝ 換算高

電　ラウンドセレクターを5/4，小数点セレクターを０に設定
　495 ÷ .4536 =

(20)　¥87,720

解　(¥8,600 ÷ 10kg) × 300kg × 0.34 = ¥87,720
　(¥8,600 ÷ 10kg) …１kgあたりの値段（単価）
　単価 × 300kg　…仕入原価
　仕入原価 × 0.34　…仕入原価 × 見込利益率 ＝ 利益の総額

電　8600 ÷ 10 × 300 × .34 =　／　8600 ÷ 10 × 300 × 34 %

第８回模擬試験問題　解答・解説（本冊p.96）

（A）乗算問題　　□ 珠算・電卓採点箇所　● 電卓のみ採点箇所

1	¥1,675	●¥2,080,483	0.01%	18.04%
2	¥10,248		0.09%	
3	¥2,068,560		●17.94%	
4	¥217,323	¥9,452,235	1.88%	●81.96%
5	¥9,234,912		●80.08%	
		●¥11,532,718		

6	$2,697.74	$34,128.20	●0.51%	●6.48%
7	$31,117.50		5.91%	
8	$312.96		0.06%	
9	$485,968.08	●$492,163.14	●92.34%	93.52%
10	$6,195.06		1.18%	
		●$526,291.34		

珠算各10点，100点満点　　電卓各５点，100点満点

（B）除算問題

1	¥287	¥1,276	2.61%	●11.61%
2	¥331		●3.01%	
3	¥658		5.99%	
4	¥46	●¥9,716	0.42%	88.39%
5	¥9,670		●87.97%	
		●¥10,992		

6	£0.69	●£37.66	0.22%	12.19%
7	£28.24		●9.14%	
8	£8.73		2.83%	
9	£217.26	£271.33	●70.31%	●87.81%
10	£54.07		17.50%	
		●£308.99		

珠算各10点，100点満点　　電卓各５点，100点満点

（C）見取算問題

No.	1	2	3	4	5
計	¥1,056,843	¥54,138	¥285,791	¥7,648,518	¥4,472
小計	●¥1,396,772			¥7,652,990	
合計	●¥9,049,762				
答え比率	11.68%	●0.60%	3.16%	●84.52%	0.05%
小計比率	●15.43%			84.57%	

No.	6	7	8	9	10
計	€22,273.89	€152,869.52	€5,704.73	€269.37	€106,400.41
小計	€180,848.14			●€106,669.78	
合計	●€287,517.92				
答え比率	●7.75%	53.17%	1.98%	0.09%	●37.01%
小計比率	●62.90%			37.10%	

珠算各10点，100点満点　　電卓各５点，100点満点

ビジネス計算部門

(1)	¥9,104	(11)	52%
(2)	512ft	(12)	¥610,000
(3)	¥994,100	(13)	233,700人
(4)	236L	(14)	¥2,956
(5)	6%	(15)	¥274,700
(6)	£10.48	(16)	€78.63
(7)	¥9,175	(17)	294台
(8)	1割2分（増し）	(18)	671m
(9)	¥742,110	(19)	¥915,205
(10)	¥818,100	(20)	¥725,760

第８回ビジネス計算部門解説

（１） ¥9,104

解　¥119×$76.50＝¥9,103.5（４捨５入により，¥9,104）
換算率 × 被換算高 ＝ 換算高

電　ラウンドセレクターを5/4，小数点セレクターを０に設定
119[×]76.50[=]

（２） 512 ft

解　156m ÷0.3048m ＝511.8…ft
（４捨５入により，512ft）
被換算高 ÷ 換算率 ＝ 換算高

電　ラウンドセレクターを5/4，小数点セレクターを０に設定
156[÷].3048[=]

（３） ¥994,100

解　（¥390×2,490枚）＋¥23,000＝¥994,100
商品代金 ＋ 仕入諸掛 ＝ 仕入原価（諸掛込原価）

電　390[×]2490[+]23000[=]

（４） 236 L

解　4.546L ×52英ガロン＝236.392L
（４捨５入により，236L）
換算率 × 被換算高 ＝ 換算高

電　ラウンドセレクターを5/4，小数点セレクターを０に設定
4.546[×]52[=]

（５） 6 %

解　¥40,800÷¥680,000＝0.06（6 %）
利益額 ÷ 仕入原価 ＝ 利益率

電　40800[÷]680000[%]

（６） £10.48

解　¥1,760÷¥168＝£10.476…
（ペンス未満４捨５入により，£10.48）
被換算高 ÷ 換算率 ＝ 換算高

電　ラウンドセレクターを5/4，小数点セレクターを２に設定
1760[÷]168[=]

（７） ¥9,175

解　¥890,000×0.053× $\frac{\text{71日}}{\text{365日}}$ ＝¥9,175.5…
（切り捨てにより，¥9,175）
元金 × 年利率 × $\frac{\text{日数}}{\text{365日}}$ ＝ 利息

電　ラウンドセレクターをCUT（Ｓ型は↓），小数点セレクターを０に設定
890000[×].053[×]71[÷]365[=] ／ 890000[×]5.3[%] [×]71[÷]365[=]

（８） １割２分（増し）

解　（¥1,075,200－¥960,000）÷¥960,000＝0.12（１割２分）

電　1075200[−]960000[÷]960000[%]　（12％＝１割２分）

（９） ¥742,110

解　¥853,000×（１－0.13）＝¥742,110
予定売価 ×（１－値引率）＝ 実売価

電　0.13の補数は0.87なので，
共通　853000[×].87[=]　／　853000[×]87[%]
Ｃ型　853000[×]13[%] [−]
Ｓ型　853000[×]13[%] [−] [=]　／　853000[−]13[%]

（10） ¥818,100

解　（¥810,000×0.012× $\frac{\text{10か月}}{\text{12か月}}$）＋¥810,000＝¥818,100
利息 ＋ 元金 ＝ 元利合計

または，¥810,000×（１＋0.012× $\frac{\text{10か月}}{\text{12か月}}$）＝¥818,100
元金 ×（１ ＋ 年利率 × 期間）＝ 元利合計

電　810000[M+] [×].012[×]10[÷]12（[=]）[M+] [MR]　／
810000[M+] [×]1.2[%] [×]10[÷]12（[=]）[M+] [MR]
※S型は[MR]の代わりに[RM]　※答案記入後，[MC]（S型は[CM]）

（11） 52%

解　¥135,200÷¥260,000＝0.52（52％）
比較量 ÷ 基準量 ＝ 割合

電　135200[÷]260000[%]

（12） ¥610,000

解　¥750,300÷（１＋0.23）＝¥610,000
予定売価 ÷（１＋見込利益率）＝ 仕入原価

電　750300[÷]1.23[=]　／　750300[÷]123[%]

（13） 233,700人

解　246,000人×（１－0.05）＝233,700人
基準量 ×（１－減少率）＝ 割引の結果

電　0.05の補数は0.95なので，
共通　246000[×].95[=]　／　246000[×]95[%]
Ｃ型　246000[×]５[%] [−]
Ｓ型　246000[×]５[%] [−] [=]　／　246000[−]５[%]

（14） ¥2,956

解　¥380,000×0.04× $\frac{\text{71日}}{\text{365日}}$ ＝¥2,956.7…
（切り捨てにより，¥2,956）
元金 × 年利率 × $\frac{\text{日数}}{\text{365日}}$ ＝ 利息

電　ラウンドセレクターをCUT（Ｓ型は↓），小数点セレクターを０に設定
380000[×].04[×]71[÷]365[=] ／380000[×]４[%][×]71[÷]365[=]

(15) ￥274,700

解 ￥670,000×0.41＝￥274,700
基準量 × 割合 ＝ 比較量

電 670000[×].41[＝]　/　670000[×]41[%]

(16) €78.63

解 ￥9,750÷￥124＝€78.629…
(セント未満４捨５入により，€78.63)
被換算高 ÷ 換算率 ＝ 換算高

電 ラウンドセレクターを5/4，小数点セレクターを２に設定
9750[÷]124[＝]

(17) 294台

解 ￥1,023,120÷￥3,480＝294台
商品代金 ÷ 単価 ＝ 取引数量

電 1023120[÷]3480[＝]

(18) 671m

解 0.9144m×734yd＝671.1696m（４捨５入により，671m）
換算率 × 被換算高 ＝ 換算高

電 ラウンドセレクターを5/4，小数点セレクターを０に設定
.9144[×]734[＝]

(19) ￥915,205

解
４月　30日－12日＝18日
５月　31日
６月　23日
72日（片落とし）

(30－12) ＋31＋23＝72日

$$(¥910{,}000\times0.029\times\frac{72日}{365日})+¥910{,}000=¥915{,}205.6\cdots$$

(切り捨てにより，￥915,205)
利息 ＋ 元金 ＝ 元利合計

または，

$$¥910{,}000\times(1+0.029\times\frac{72日}{365日})=¥915{,}205.6\cdots$$

(切り捨てにより，￥915,205)
元金 ×（１＋年利率 × 期間）＝ 元利合計

電 **①日数の計算**
30[－]12[＋]31[＋]23[＝]（72日）
または，「日数計算条件セレクター」を「片落とし」に設定し，
Ｃ型　4[日数]12[÷]６[日数]23[＝]（72日）
Ｓ型　4[日数]12[%]６[日数]23[＝]（72日）
②元利合計の計算
ラウンドセレクターをCUT（Ｓ型は↓），小数点セレクターを０に設定
910000[M+] [×].029[×]72[÷]365（[＝]）[M+] [MR]　/
910000[M+] [×]2.9[%] [×]72[÷]365（[＝]）[M+] [MR]
※S型は[MR]の代わりに[RM]　※答案記入後，[MC]（S型は[CM]）

(20) ￥725,760

解 (￥1,350÷10個）×4,200個×（１＋0.28）＝￥725,760
(￥1,350÷10個）　…１個あたりの値段（単価）
単価×4,200個　…仕入原価
仕入原価×(１+0.28)…仕入原価×(１＋見込利益率)＝実売価の総額

電
共通　1350[÷]10[×]4200[×]1.28[＝] / 1350[÷]10[×]4200[×]128[%]
Ｃ型　1350[÷]10[×]4200[×]28[%] [＋]
Ｓ型　1350[÷]10[×]4200[×]28[%] [＋] [＝]/1350[÷]10[×]4200[＋]28[%]

第145回試験問題　解答（本冊 p.102）

（A）乗算問題

□ 珠算・電卓採点箇所　● 電卓のみ採点箇所

1	¥492,584
2	¥7,330
3	¥6,555,880
4	¥185
5	¥80,956,260

¥7,055,794	0.56%	●8.02%
	0.01%	
	●7.45%	
●¥80,956,445	0.00%（0%）	91.98%
	●91.98%	
●¥88,012,239		

6	€3,138.96
7	€585.48
8	€1,687.08
9	€92,882.40
10	€6,500.08

珠算各10点，100点満点

●€5,411.52	3.00%（3%）	5.16%
	●0.56%	
	1.61%	
€99,382.48	●88.63%	●94.84%
	6.20%（6.2%）	
●€104,794.00（€104,794）		

電卓各5点，100点満点

（B）除算問題

1	¥832
2	¥4,696
3	¥74
4	¥580
5	¥107

●¥5,602	●13.23%	89.08%
	74.67%	
	1.18%	
¥687	●9.22%	●10.92%
	1.70%（1.7%）	
●¥6,289		

6	$9.08
7	$2.49
8	$37.11
9	$0.53
10	$6.25

珠算各10点，100点満点

$48.68	16.37%	●87.77%
	●4.49%	
	66.91%	
●$6.78	0.96%	12.23%
	●11.27%	
●$55.46		

電卓各5点，100点満点

（C）見取算問題

No.	1	2	3	4	5
計	¥209,776	¥11,131	¥9,971,359	¥596,537	¥7,182
小計	¥10,192,266			●¥603,719	
合計	●¥10,795,985				
答え比率	1.94%	0.10%（0.1%）	●92.36%	●5.53%	0.07%
小計比率	●94.41%			5.59%	

No.	6	7	8	9	10
計	£12,246.81	£209.25	£36,387.97	£82,646.60	£41,317.59
小計	●£48,844.03			£123,964.19	
合計	●£172,808.22				
答え比率	7.09%	●0.12%	21.06%	47.83%	●23.91%
小計比率	28.26%			●71.74%	

珠算各10点，100点満点　　電卓各5点，100点満点

ビジネス計算部門

(1) ¥9,715

(2) 1,429 lb

(3) ¥780,000

(4) ¥623,100

(5) ¥3,157

(6) 17%

(7) ¥412,460

(8) £20.70

(9) 8割9分（増し）

(10) ¥443,100

(11) 363 L

(12) 976台

(13) 53,900冊

(14) ¥8,919

(15) ¥280,310

(16) 772 yd

(17) ¥378,400

(18) ¥180,000

(19) ¥7,876

(20) ¥52,250

第146回試験問題　解答（本冊 p.108）

（A）乗算問題　　□ 珠算・電卓採点箇所　● 電卓のみ採点箇所

1	¥287,712	¥1,874,288	●10.59%	●69.00%（69%）
2	¥1,544,676		56.86%	
3	¥41,900		1.54%	
4	¥57,708	●¥842,268	●2.12%	31.00%（31%）
5	¥784,560		28.88%	
		●¥2,716,556		

6	£6,055.43	●£64,143.81	9.24%	97.89%
7	£7,119.98		10.87%	
8	£50,968.40		●77.78%	
9	£475.35	£1,384.50	0.73%	●2.11%
10	£909.15		●1.39%	
		●£65,528.31		

珠算各10点，100点満点　　電卓各５点，100点満点

（B）除算問題

1	¥38	●¥583	1.11%	17.06%
2	¥502		●14.69%	
3	¥43		1.26%	
4	¥876	¥2,835	25.63%	●82.94%
5	¥1,959		●57.31%	
		●¥3,418		

6	€9.84	€85.35	●9.23%	●80.08%
7	€3.40		3.19%	
8	€72.11		67.66%	
9	€0.67	●€21.23	●0.63%	19.92%
10	€20.56		19.29%	
		●€106.58		

珠算各10点，100点満点　　電卓各５点，100点満点

（C）見取算問題

No.	1	2	3	4	5
計	¥27,930	¥9,430,488	¥1,498,420	¥3,237	¥752,906
小計	●¥10,956,838			¥756,143	
合計	●¥11,712,981				
答え比率	0.24%	80.51%	●12.79%	0.03%	●6.43%
小計比率	93.54%			●6.46%	

No.	6	7	8	9	10
計	$3,215.58	$56,826.68	$88,703.79	$163,560.79	$23,518.08
小計	$148,746.05			●$187,078.87	
合計	●$335,824.92				
答え比率	0.96%	●16.92%	26.41%	●48.70%（48.7%）	7.00%（７%）
小計比率	●44.29%			55.71%	

珠算各10点，100点満点　　電卓各５点，100点満点

ビジネス計算部門

(1) ¥461,500

(2) €58.90

(3) ¥154,700

(4) ¥4,354

(5) 87米トン

(6) ¥9,471

(7) 23%

(8) 78,650人

(9) ¥966,100

(10) ¥247,480

(11) ¥640,000

(12) 820枚

(13) ¥190,274

(14) ¥6,507

(15) 318L

(16) 5割8分

(17) ¥1,627

(18) ¥309,000

(19) 2,208ft

(20) ¥783,360

第147回試験問題　解答（本冊 p.114）

（A）乗算問題　　[枠] 珠算・電卓採点箇所　● 電卓のみ採点箇所

1	¥508,080	¥617,316	11.23%	●13.64%
2	¥106,683		●2.36%	
3	¥2,553		0.06%	
4	¥735,380	●¥3,907,957	16.25%	86.36%
5	¥3,172,577		●70.11%	
		●¥4,525,273		

6	$6,571.20	●$87,292.62	4.98%	66.17%
7	$254.33		0.19%	
8	$80,467.09		●60.99%	
9	$43,709.12	$44,632.47	●33.13%	●33.83%
10	$923.35		0.70%（0.7%）	
		●$131,925.09		

珠算各10点，100点満点　　電卓各５点，100点満点

（B）除算問題

1	¥51	●¥4,120	●0.91%	73.62%
2	¥23		0.41%	
3	¥4,046		72.30%（72.3%）	
4	¥819	¥1,476	●14.64%	●26.38%
5	¥657		11.74%	
		●¥5,596		

6	£0.92	£72.11	1.02%	●79.86%
7	£3.94		4.36%	
8	£67.25		●74.48%	
9	£10.88	●£18.18	12.05%	20.14%
10	£7.30		●8.09%	
		●£90.29		

珠算各10点，100点満点　　電卓各５点，100点満点

（C）見取算問題

No.	1	2	3	4	5
計	¥328,605	¥846,308	¥9,850,877	¥50,488	¥11,424
小計	¥11,025,790			●¥61,912	
合計	●¥11,087,702				
答え比率	2.96%	●7.63%	88.85%	●0.46%	0.10%（0.1%）
小計比率	●99.44%			0.56%	

No.	6	7	8	9	10
計	€8,454.57	€194,273.57	€472.20	€77,717.73	€20,070.77
小計	●€203,200.34			€97,788.50	
合計	●€300,988.84				
答え比率	●2.81%	64.55%	0.16%	25.82%	●6.67%
小計比率	67.51%			●32.49%	

珠算各10点，100点満点　　電卓各５点，100点満点

ビジネス計算部門

(1) ¥5,373

(2) 1,545lb

(3) ¥550,800

(4) ¥4,515

(5) ¥842,100

(6) ¥710,000

(7) 16%

(8) ¥952,993

(9) 450箱

(10) ¥2,525

(11) 3割2分

(12) ¥1,059

(13) 86米ガロン

(14) ¥343,000

(15) 218,700人

(16) 905m

(17) ¥540,000

(18) ¥675,947

(19) $35.90

(20) ¥76,670

※各種データのダウンロードファイルを開く際は，以下の８ケタを入力してください。

C9mv7SHT

また，ダウンロードの手順は次のとおりです。

東京法令出版ホームページ →「とうほう（教育)」→「副教材関連データダウンロード」→「全商ビジネス計算実務検定模擬テスト」→ ダウンロードボタンをクリック